U0182696

木竹结构安全性、耐久性和舒适性检测评价指南

主编　邱洪兴

编著　邱洪兴　彭　磊　张　晋　连之伟
　　　徐　明　陈玲珠　高　颖　邱培芳

东南大学出版社
SOUTHEAST UNIVERSITY PRESS
·南京·

图书在版编目(CIP)数据

木竹结构安全性、耐久性和舒适性检测评价指南 /
邱洪兴主编. — 南京：东南大学出版社,2021.11
ISBN 978 - 7 - 5641 - 9755 - 1

Ⅰ.①木…　Ⅱ.①邱…　Ⅲ.①木结构-检测-指南
②竹结构-检测-指南　Ⅳ.①TU36 - 62

中国版本图书馆 CIP 数据核字(2021)第 214819 号

木竹结构安全性、耐久性和舒适性检测评价指南
Muzhu Jiegou Anquanxing、Naijiuxing He Shushixing Jiance Pingjia Zhinan

主编　邱洪兴
编著　邱洪兴　彭　磊　张　晋　连之伟
　　　　徐　明　陈玲珠　高　颖　邱培芳

出版发行　东南大学出版社
社　　址　南京市四牌楼 2 号　邮编:210096
责任编辑　丁　丁
编辑邮箱　d.d.00@163.com
网　　址　http://www.seupress.com
电子邮箱　press@seupress.com
经　　销　全国各地新华书店
印　　刷　江苏凤凰数码印务有限公司
版　　次　2021 年 11 月第 1 版
印　　次　2021 年 11 月第 1 次印刷
开　　本　850 mm×1 168 mm　1/32
印　　张　2.5
字　　数　67 千
书　　号　ISBN 978 - 7 - 5641 - 9755 - 1
定　　价　48.00 元

前　言

为提高民用木竹结构建筑的可靠性鉴定质量,依托国家重点研发计划课题"木竹结构安全性、耐久性和舒适性及其检测评价技术"(2017YFC0703503)的研究成果,编写本指南。主要内容为:1总则,2调查与检测,3木结构构件与连接节点安全性评价,4木竹构件耐火性能评价,5建筑防火性能评价,6木竹结构构件耐久性评价,7木质建筑热舒适性评价,以及附录A木构件损伤检测的钻入阻抗法,附录B CLT墙体-楼板角钢节点受火后剩余承载力估算方法,附录C木构件干缩开裂预测和室内腐朽预测环境指数。

本指南由东南大学土木工程学院负责具体技术内容解释(南京市江宁区东南大学路2号,邮编:211189)。热忱欢迎从事木竹结构可靠性鉴定的工程技术人员将使用过程中发现的问题反馈给我们,以便修改完善。

本指南主编单位:东南大学

　　参编单位:南京东南建设工程安全鉴定有限公司

　　　　　　应急管理部天津消防研究所

　　　　　　上海建筑科学研究院

　　　　　　上海交通大学

　　　　　　北京林业大学

本指南主要起草人:邱洪兴　彭　磊　张　晋　连之伟

　　　　　　　　　徐　明　陈玲珠　高　颖　邱培芳

目 次

1 总则

1.0.1 为了给民用木竹结构的可靠性鉴定工作提供指导和参考，提高鉴定质量,故编写本指南。

1.0.2 本指南提供的安全性评价方法仅包括构件(含节点)层次,子单元和鉴定单元的安全性评价可按《民用建筑可靠性鉴定标准》GB 50292 的规定进行。

1.0.3 本指南所指的结构安全性包括正常使用条件下的安全性和火灾下的安全性,不包含地震作用下的安全性;结构耐久性仅包括保持承载的能力,不包括保持适用性的能力;建筑舒适性仅包括热舒适性,不包括振动舒适性。

2 调查与检测

2.1 一般规定

2.1.1 木竹结构的安全性、耐久性评价,应对建筑物的使用条件、使用环境和结构现状进行调查与检测;调查的内容、范围和深度应满足结构评价的需要。

2.1.2 当建筑物的工程图纸资料不全或缺失时,需进行结构测绘。

2.2 使用条件和使用环境的调查

2.2.1 建筑物使用条件的调查应包括目前的使用功能、结构上的作用以及使用历史情况。

2.2.2 楼面可变荷载与使用功能相符时,其作用标准值可按《建筑结构荷载规范》GB 50009 的规定取值,不符时按实际情况确定;结构和构件的自重标准值应根据实际尺寸、按材料重度计算确定。

2.2.3 历史使用情况调查包括建造年代、使用功能变更、改扩建、维修与加固以及遭受过的灾害和事故情况。

2.2.4 建筑物使用环境调查包括室外环境和室内环境调查。室外环境包括温湿度、降雨等气象环境;室内环境包括采暖、通风、防潮情况。

2.3 结构现状调查与检测

2.3.1 结构现状的调查与检测包括:结构类型、结构布置、构件连接方式、节点构造的调查与核实;结构构件几何尺寸量测、结构位移与变形量测;结构材料性能检测;缺陷和结构损伤的调查与检测。

2.3.2 对于结构构件的几何尺寸,当图纸资料完整时,可仅进行现场抽样复核;当缺少资料或资料可信度不高时,按现行国家标准《建筑结构检测技术标准》GB/T 50344 的规定进行现场检测。

2.3.3 对于结构构件的材料性能,当档案资料完整、齐全时,可仅进行校核性检测,符合原设计要求时可采用原设计给出的结果;当缺少资料或有怀疑时,应进行现场详细检测。

2.3.4 结构缺陷调查与检测针对木材天然缺陷和施工质量缺陷;结构损伤调查与检测针对构件与节点的干缩裂缝、腐朽老化、虫蛀、受潮情况,节点松动情况、木纤维塑性变形、劈裂或压溃情况。缺陷与损伤的调查结果应有详细记录,包括部位、范围、形态和程度;损伤检测宜采用无损或微损方法,其中腐朽老化的钻入阻抗检测可按附录 A 采用。

2.3.5 评价过程所采用的检测数据,应符合下列规定:

1 检测方法应按国家或行业现行有关标准采用。当同一个检测内容需采用不止一种检测方法时,应事先约定综合确定检测值的规则,不得事后随意处理。

2 当怀疑检测数据有离群值时,其判断和处理应符合现行国家标准《数据的统计处理和解释 正态样本离群值的判断和处理》GB/T 4883 的规定,不得随意舍弃或调整。

3 木结构构件与连接节点安全性评价

3.1 一般规定

3.1.1 木结构构件与连接节点的安全性评价采用 a_u、b_u、c_u 和 d_u 四个等级,各等级的分级标准如下:

1 a_u 级——安全性符合本指南对 a_u 级的规定,承载力可靠指标不低于现行《木结构设计标准》GB 50005 的要求;

2 b_u 级——安全性略低于本指南对 a_u 级的规定,承载力可靠指标不低于现行《建筑结构可靠性设计统一标准》GB 50068 规定的最低值;

3 c_u 级——安全性不符合本标准对 a_u 级的规定,承载力可靠指标低于现行《建筑结构可靠性设计统一标准》GB 50068 规定的最低值,但相差不超过 0.25;

4 d_u 级——安全性不符合本标准对 a_u 级的规定,承载力可靠指标低于现行《建筑结构可靠性设计统一标准》GB 50068 规定的最低值,且相差已超过 0.25。

3.1.2 木构件和节点的安全性评价,应按承载能力、构造、不适于承载的位移或变形、不适于承载的裂缝、危险性腐朽、危险性虫蛀六个检查项目,分别评定受检构件的每个检查项目等级,取其中最低等级作为该构件的安全性等级。

3.1.3 对被评价构件进行验算时,应符合下列规定:

1 验算使用的结构分析方法应符合《木结构设计标准》GB 50005 的规定;验算使用的计算模型应符合实际受力与构造状况。

2 结构上的作用应经调查或检测核实,按现行国家标准《建筑结构荷载规范》GB 50009 的规定执行;对于后续使用年限不同于设计基准期的结构,可变荷载考虑设计使用年限调整系数。

3 构件材料强度、弹性模量的标准值应根据结构的实际状态按下列规定确定：

　　1）当原设计文件有效，且调查未发现结构有明显的性能退化和施工偏差时，可采用原设计值。

　　2）当不符合 1)项的规定时，应通过现场检测确定其标准值。

4 构件的几何参数应采用实测值，并计入腐朽、虫蛀、裂缝、施工偏差等的影响。

3.1.4 建造时正常设计的建筑，当构件同时符合下列条件时，可不参与评价，直接根据其完好程度定为 a_u 级或 b_u 级：

1 该构件使用至今未受结构性改变、修复、用途或使用条件变化的影响；

2 该构件未发现明显损伤；

3 该构件工作正常，且不怀疑其安全性不足；

4 在下一个目标使用年限内，预计该构件所受的作用和所处的环境与过去相比没有不利的变化。

3.2　木构件

3.2.1 当按承载能力评定木构件的安全性等级时，应按表 3.2.1 的规定评定各验算项目的等级，取其中最低等级作为该构件承载能力的安全性等级。

表 3.2.1　按承载力项目评定的安全性等级

构件类别	承载力安全性等级			
	a_u 级	b_u 级	c_u 级	d_u 级
主要构件	$R/(\gamma_0 \cdot S)$ ≥ 1.0	$1.0 > R/(\gamma_0 \cdot S)$ ≥ 0.93	$0.93 > R/(\gamma_0 \cdot S)$ ≥ 0.87	$R/(\gamma_0 \cdot S) < 0.87$
一般构件	$R/(\gamma_0 \cdot S)$ ≥ 1.0	$1.0 > R/(\gamma_0 \cdot S)$ ≥ 0.87	$0.87 > R/(\gamma_0 \cdot S)$ ≥ 0.82	$R/(\gamma_0 \cdot S) < 0.82$

3.2.2 木构件的承载力验算项目包括：

1 受弯构件的抗弯承载力、抗剪承载力和侧向稳定承载力；

2 轴心受拉构件和拉弯构件按强度验算的承载力；

3 受压构件和压弯构件按强度验算的承载力和按稳定验算

的承载力。

3.2.3 木构件按影响承载的构造评定安全性等级时，应检查木节、斜纹、木材含水率、受压构件的长细比等项目。

3.2.4 木节项目的安全性等级根据在构件任一面 150 mm 长度上所有木节尺寸的总和与所在面宽的百分比 ρ、木节最大尺寸与所测部位周长的百分比 ρ_d，按表 3.2.4 的规定评级。

表 3.2.4　按木节项目评定的安全性等级

构件类别		安全性等级			
		a_u 级	b_u 级	c_u 级	d_u 级
受拉及拉弯构件	方木	$\rho \leq 33\%$	$33\% < \rho \leq 36\%$	$36\% < \rho \leq 40\%$	$\rho > 40\%$
	板材	$\rho \leq 25\%$	$25\% < \rho \leq 27\%$	$27\% < \rho \leq 30\%$	$\rho > 30\%$
	原木	$\rho \leq 25\%$ $\rho_d \leq 10\%$	$25\% < \rho \leq 27\%$ $10\% < \rho_d \leq 13\%$	$27\% < \rho \leq 30\%$ $13\% < \rho_d \leq 17\%$	$\rho > 30\%$ $\rho_d > 17\%$
	层板胶合木	$\rho \leq 33\%$	$33\% < \rho \leq 36\%$	$36\% < \rho \leq 40\%$	$\rho > 40\%$
受弯及压弯构件	方木	$\rho \leq 40\%$	$40\% < \rho \leq 46\%$	$46\% < \rho \leq 52\%$	$\rho > 52\%$
	板材	$\rho \leq 33\%$	$33\% < \rho \leq 38\%$	$38\% < \rho \leq 43\%$	$\rho > 43\%$
	原木	$\rho \leq 33\%$ $\rho_d \leq 17\%$	$33\% < \rho \leq 38\%$ $17\% < \rho_d \leq 18.5\%$	$38\% < \rho \leq 43\%$ $18.5\% < \rho_d \leq 20\%$	$\rho > 43\%$ $\rho_d > 20\%$
	层板胶合木	$\rho \leq 40\%$	$40\% < \rho \leq 46\%$	$46\% < \rho \leq 52\%$	$\rho > 52\%$
受压构件	方木	$\rho \leq 50\%$	$50\% < \rho \leq 60\%$	$60\% < \rho \leq 70\%$	$\rho > 70\%$
	板材	$\rho \leq 40\%$	$40\% < \rho \leq 48\%$	$48\% < \rho \leq 56\%$	$\rho > 56\%$
	原木	$\rho_d \leq 17\%$	$17\% < \rho_d \leq 21\%$	$21\% < \rho_d \leq 25\%$	$\rho_d > 25\%$
	层板胶合木	$\rho \leq 50\%$	$50\% < \rho \leq 60\%$	$60\% < \rho \leq 70\%$	$\rho > 70\%$

3.2.5 斜纹项目的安全性等级根据斜率 ρ 按表 3.2.5 的规定评级。

表 3.2.5　按斜纹项目评定的安全性等级

构件类别		安全性等级			
		a_u 级	b_u 级	c_u 级	d_u 级
受拉及拉弯构件	方木、板材	$\rho \leq 5\%$	$5\% < \rho \leq 7.5\%$	$7.5\% < \rho \leq 10\%$	$\rho > 10\%$
	原木	$\rho \leq 8\%$	$8\% < \rho \leq 9\%$	$9\% < \rho \leq 10\%$	$\rho > 10\%$
	层板胶合木	$\rho \leq 5\%$	$5\% < \rho \leq 7.5\%$	$7.5\% < \rho \leq 10\%$	$\rho > 10\%$

构件类别		安全性等级			
		a_u级	b_u级	c_u级	d_u级
受弯及压弯构件	方木、板材	$\rho \leqslant 8\%$	$8\% < \rho \leqslant 11.5\%$	$11.5\% < \rho \leqslant 15\%$	$\rho > 15\%$
	原木	$\rho \leqslant 12\%$	$12\% < \rho \leqslant 13.5\%$	$13.5\% < \rho \leqslant 15\%$	$\rho > 15\%$
	层板胶合木	$\rho \leqslant 8\%$	$8\% < \rho \leqslant 11.5\%$	$11.5\% < \rho \leqslant 15\%$	$\rho > 15\%$
受压构件	方木、板材	$\rho \leqslant 12\%$	$12\% < \rho \leqslant 16\%$	$16\% < \rho \leqslant 20\%$	$\rho > 20\%$
	原木	$\rho \leqslant 15\%$	$15\% < \rho \leqslant 17.5\%$	$17.5\% < \rho \leqslant 20\%$	$\rho > 20\%$
	层板胶合木	$\rho \leqslant 15\%$	$15\% < \rho \leqslant 17.5\%$	$17.5\% < \rho \leqslant 20\%$	$\rho > 20\%$

3.2.6 木材含水率项目的安全性等级按表3.2.6的规定评级。

表3.2.6 按木材含水率项目评定的安全性等级

构件类别		安全性等级			
		a_u级	b_u级	c_u级	d_u级
受拉及拉弯构件	方木、原木	$w \leqslant 25.0\%$	$25.0\% < w \leqslant 29.19\%$	$29.19\% < w \leqslant 33.86\%$	$w > 33.86\%$
	板材	$w \leqslant 20.0\%$	$20.0\% < w \leqslant 23.93\%$	$23.93\% < w \leqslant 28.29\%$	$w > 28.29\%$
	层板胶合木	$w \leqslant 15.0\%$	$15.0\% < w \leqslant 18.66\%$	$18.66\% < w \leqslant 22.74\%$	$w > 22.74\%$
受弯及压弯构件	方木、原木	$w \leqslant 25.0\%$	$25.0\% < w \leqslant 27.0\%$	$27.0\% < w \leqslant 29.22\%$	$w > 29.22\%$
	板材	$w \leqslant 20.0\%$	$20.0\% < w \leqslant 21.73\%$	$21.73\% < w \leqslant 23.67\%$	$w > 23.67\%$
	层板胶合木	$w \leqslant 15.0\%$	$15.0\% < w \leqslant 16.47\%$	$16.47\% < w \leqslant 18.11\%$	$w > 18.11\%$
受压构件	方木、原木	$w \leqslant 25.0\%$	$25.0\% < w \leqslant 26.74\%$	$26.74\% < w \leqslant 28.67\%$	$w > 28.67\%$
	板材	$w \leqslant 20.0\%$	$20.0\% < w \leqslant 21.47\%$	$21.47\% < w \leqslant 23.11\%$	$w > 23.11\%$
	层板胶合木	$w \leqslant 15.0\%$	$15.0\% < w \leqslant 16.21\%$	$16.21\% < w \leqslant 17.56\%$	$w > 17.56\%$

3.2.7 受压构件长细比项目的安全性等级按表3.2.7的规定评级。

表3.2.7 受压构件长细比项目的安全性等级

构件类别	安全性等级			
	a_u级	b_u级	c_u级	d_u级
结构的主要构件(包括桁架的弦杆、支座处竖杆或斜杆以及承重柱)	$\lambda \leqslant 120$	$120 < \lambda \leqslant 160$	$160 < \lambda \leqslant 200$	$\lambda > 200$
一般构件	$\lambda \leqslant 150$	$150 < \lambda \leqslant 200$	$200 < \lambda \leqslant 250$	$\lambda > 250$
支撑	$\lambda \leqslant 200$	$200 < \lambda \leqslant 225$	$225 < \lambda \leqslant 250$	$\lambda > 250$

3.2.8 木构件的安全性按不适于承载的变形项目评定时，根据跨中挠度值 Δ 或侧向弯曲的矢高 δ，按表 3.2.8 的规定评级。

表 3.2.8 木构件按不适于承载的变形项目评定的安全性等级

检查项目		安全性等级			
		a_u级	b_u级	c_u级	d_u级
挠度	桁架	$\Delta \leqslant l_0/225$	$l_0/225 < \Delta \leqslant l_0/200$	$l_0/200 < \Delta \leqslant l_0/180$	$\Delta > l_0/180$
	主梁	$\Delta \leqslant l_0/170$ 且 $\Delta \leqslant l_0^2/(3\,400h)$	$l_0/170 < \Delta \leqslant l_0/150$ 且 $l_0^2/(3\,400h) < \Delta \leqslant l_0^2/(3\,000h)$	$l_0/150 < \Delta \leqslant l_0/135$ 或 $l_0^2/(3\,000h) < \Delta \leqslant l_0^2/(2\,700h)$	$\Delta > l_0/135$ 或 $\Delta > l_0^2/(2\,700h)$
	搁栅、檩条	$\Delta \leqslant l_0/135$ 且 $\Delta \leqslant l_0^2/(2\,700h)$	$l_0/135 < \Delta \leqslant l_0/120$ 且 $l_0^2/(2\,700h) < \Delta \leqslant l_0^2/(2\,400h)$	$l_0/120 < \Delta \leqslant l_0/105$ 或 $l_0^2/(2\,400h) < \Delta \leqslant l_0^2/(2\,100h)$	$\Delta > l_0/105$ 或 $\Delta > l_0^2/(2\,100h)$
	椽条	$\Delta \leqslant l_0/110$	$l_0/110 < \Delta \leqslant l_0/100$	$l_0/100 < \Delta \leqslant l_0/90$	$\Delta > l_0/90$
侧向弯曲的矢高	柱或其他受压构件	$\delta \leqslant l_c/225$	$l_c/225 < \delta \leqslant l_c/200$	$l_c/200 < \delta \leqslant l_c/180$	$\delta > l_c/180$
	矩形截面梁	$\delta \leqslant l_0/170$	$l_0/170 < \delta \leqslant l_0/150$	$l_0/150 < \delta \leqslant l_0/135$	$\delta > l_0/135$

注：表中 l_0 为计算跨度；l_c 为柱的无支撑长度；h 为构件截面高度。

3.2.9 木构件的安全性按不适于承载的裂缝项目评定时，根据最大剪应力面裂缝深度与截面宽度的比值 ρ，按表 3.2.9 的规定评级。

表 3.2.9 按不适于承载的裂缝项目评定的安全性等级

构件类别			a_u 级	b_u 级	c_u 级	d_u 级
受分布荷载作用用梁	矩形截面	主要构件	$\rho \leqslant 25\%$	$25\% < \rho \leqslant 28.75\%$	$28.75\% < \rho \leqslant 32.5\%$	$\rho > 32.5\%$
		一般构件	$\rho \leqslant 33.33\%$	$33.33\% < \rho \leqslant 38.33\%$	$38.33\% < \rho \leqslant 43.33\%$	$\rho > 43.33\%$
	圆形截面	主要构件	$\rho \leqslant 55.56\%$	$55.56\% < \rho \leqslant 57.783\%$	$57.783\% < \rho \leqslant 60.0\%$	$\rho > 60.0\%$
		一般构件	$\rho \leqslant 55.56\%$	$55.56\% < \rho \leqslant 58.89\%$	$58.89\% < \rho \leqslant 62.22\%$	$\rho > 62.22\%$
受集中荷载作用用梁	矩形截面		$\rho \leqslant (1-2.5/\lambda)$	$(1-2.5/\lambda) < \rho \leqslant (1-2.25/\lambda)$	$(1-2.25/\lambda) < \rho \leqslant (1-2.125/\lambda)$	$\rho > (1-2.125/\lambda)$
	圆形截面		$\rho \leqslant 33.33\%$	$33.33\% < \rho \leqslant 36.67\%$	$36.67\% < \rho \leqslant 40.0\%$	$\rho > 40.0\%$
轴心受压柱	矩形截面		$\rho \leqslant 33.33\%$	$33.33\% < \rho \leqslant 65.96\%$	$65.96\% < \rho \leqslant 85.40\%$	$\rho > 85.40\%$
	圆形截面		$\rho \leqslant 50\%$	$50.0\% < \rho \leqslant 69.74\%$	$69.74\% < \rho \leqslant 87.02\%$	$\rho > 87.02\%$

注：1. 表中 λ 为剪跨比。

2. 最大剪应力面的裂缝深度计算方法见图 3.2.9，当裂缝偏离中性轴时，需按下式换算：对于矩形截面 $\rho = \dfrac{c_v}{1-\bar{y}^2}$，其中 $\bar{y} = y/(0.5h)$；

对于圆形截面 $\rho = 1 - \dfrac{1-c_v}{\cos\alpha}$，当算得的 $\rho < 0$ 时，取 $\rho = 0$。

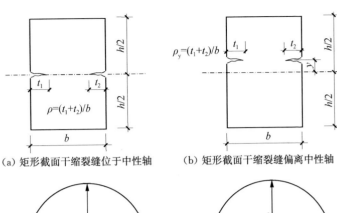

(a) 矩形截面干缩裂缝位于中性轴

(b) 矩形截面干缩裂缝偏离中性轴

(c) 圆形截面干缩裂缝位于中性轴

(d) 圆形截面干缩裂缝偏离中性轴

图 3.2.9　干缩裂缝深度计算方法

3.2.10　木构件危险性腐朽项目的安全性等级按下列规定评定：

　　1　当仅有表层腐朽或老化变质时，根据横截面腐朽或老化面积与原截面面积的比值 ρ 按表 3.2.10 的规定评级。

　　2　当存在心腐时直接评为 c_u 级。

表 3.2.10　按危险性腐朽项目评定的安全性等级

构件类别	安全性等级			
	a_u 级	b_u 级	c_u 级	d_u 级
主要受弯构件	无腐朽	$0 < \rho \leqslant 4.72\%$	$4.72\% < \rho \leqslant 8.84\%$	$\rho > 8.84\%$
一般受弯构件	无腐朽	$0 < \rho \leqslant 6.78\%$	$6.78\% < \rho \leqslant 12.39\%$	$\rho > 12.39\%$
受压构件	无腐朽	$0 < \rho \leqslant 3.56\%$	$3.56\% < \rho \leqslant 6.72\%$	$\rho > 6.72\%$
受拉构件	无腐朽	$0 < \rho \leqslant 7.0\%$	$7.0\% < \rho \leqslant 13.0\%$	$\rho > 13.0\%$

3.2.11 木构件危险性虫蛀项目的安全性等级按下列规定评定：无虫蛀或仅有表面虫沟、而无虫眼时评为 a_u 级；有虫眼，直径不大于 3 mm、深度不大于 10 mm 时评为 b_u 级；虫眼直径大于 3 mm、深度大于 10 mm 时评为 c_u 级；有新虫眼或内部有蛀洞时评为 d_u 级。

3.3 齿连接节点

3.3.1 按承载能力评定齿连接节点的安全性等级时，按表 3.2.1 中主要构件的规定评定各验算项目的等级，取其中最低等级作为该节点承载能力的安全性等级；承载力验算项目包括承压面的抗压承载力、受剪面的抗剪承载力以及支座节点保险螺栓的抗拉承载力。

3.3.2 齿连接节点按构造评价安全性等级时，应检查木节、斜纹、髓心、含水率、几何尺寸要求等项目，取其中最低等级作为该节点构造安全性等级。其中斜纹、含水率项目的评级方法同构件，分别按表 3.2.5、表 3.2.6 中受拉及拉弯构件栏评级。

3.3.3 齿连接节点木节项目的安全性等级根据在构件任一面 150 mm 长度上所有木节尺寸的总和与所在面宽的百分比 ρ、木节最大尺寸与所测部位周长的百分比 ρ_d 按表 3.3.3 的规定评级。

表 3.3.3　齿连接节点按木节项目评定的安全性等级

构件类别	安全性等级			
	a_u 级	b_u 级	c_u 级	d_u 级
方木	$\rho \leqslant 25\%$	$25\% < \rho \leqslant 28\%$	$28\% < \rho \leqslant 33\%$	$\rho > 33\%$
原木	$\rho \leqslant 25\%$ $\rho_d \leqslant 8.33\%$	$25\% < \rho \leqslant 32.5\%$ $8.33\% < \rho_d \leqslant 12.5\%$	$32.5\% < \rho \leqslant 40\%$ $12.5\% < \rho_d \leqslant 16.67\%$	$\rho > 40\%$ $\rho_d > 16.67\%$

3.3.4 髓心项目的安全性等级按下列规定评定：当受剪面位于髓心中央时评为 d_u 级；当受剪面位于髓心范围时评为 c_u 级；当受剪面位于髓心以外时评为 b_u 级；节点部位无髓心时评为 a_u 级。

3.3.5 齿连接节点的尺寸构造等级按表 3.3.5 评定。

表 3.3.5 齿连接节点按尺寸构造项目评定的安全性等级

项目		安全性等级			
		a_u级	b_u级	c_u级	d_u级
齿深 h_c /mm	方木	$h_c \geq 20$	$18 \leq h_c < 20$	$16 \leq h_c < 18$	$h_c < 16$
	原木	$h_c \geq 30$	$26 \leq h_c < 30$	$24 \leq h_c < 26$	$h_c < 24$
单齿和双齿第一齿的受剪面长度 l_v /mm		$l_v \geq 4.5h_c$	$(4.5h_c - 10) \leq l_v < 4.5h_c$	$3.6h_c \leq l_v < (4.5h_c - 10)$	$l_v < 3.6h_c$

3.3.6 齿连接节点不适于承载的位移或变形项目的安全性等级根据平面外错位、承压齿面和非承压齿面缝隙、保险螺栓松动、附木滑动脱开等情况,按表 3.3.6 评定。

表 3.3.6 齿连接节点按不适于承载的位移或变形项目评定的安全性等级

项目	安全性等级			
	a_u级	b_u级	c_u级	d_u级
平面外错位（错位量与齿宽比 ρ_d）	无错位，立面平整	有轻微错位，$\rho_d \leq 7\%$	有明显错位，$7\% < \rho_d \leq 13\%$	错位严重，$\rho_d > 13\%$
承压面面缝隙（缝隙深与齿深比 ρ_c）	无缝隙，接触面严丝合缝	有轻微缝隙，$\rho_c \leq 7\%$	有明显缝隙，$7\% < \rho_c \leq 13\%$	缝隙严重，$\rho_c > 13\%$
支座节点保险螺栓、附木，非承压面缝隙（脱开）面积与原面面积比 ρ_s	保险螺栓无松动，附木与下弦之间无滑动，无脱开；非承压面无脱开	保险螺栓无明显松动，附木与下弦之间有部分脱开，$\rho_s \leq 13\%$	保险螺栓明显松动，附木与下弦之间有滑动，$13\% < \rho_s \leq 18\%$	保险螺栓基本失效，附木有明显滑动或完全脱开，$\rho_s > 18\%$

3.3.7 齿连接节点的安全性按不适于承载的裂缝项目评定时,根据受剪面裂缝深度与截面宽度的比值 ρ 和受剪面附近裂缝深度与截面宽度的比值 ρ_y 按下列规定评级:$\rho=0$ 且 $\rho_y \leqslant 25\%$ 时评为 a_u 级;$0 < \rho \leqslant 7\%$ 且 $25\% < \rho_y \leqslant 26.88\%$ 时评为 b_u 级;$7\% < \rho \leqslant 13\%$ 或 $26.88 < \rho_y \leqslant 28.74\%$ 时评为 c_u 级;$\rho > 13\%$ 或 $\rho_y > 28.74\%$ 时评为 d_u 级。

3.3.8 齿连接节点危险性腐朽项目的安全性等级按下列规定评定:

1 当仅有表层腐朽或老化变质时,根据横截面腐朽或老化面积与原截面面积的比值 ρ 评定:无腐朽时评为 a_u 级;$\rho \leqslant 5\%$ 时评为 b_u 级;$5\% < \rho \leqslant 10\%$ 时评为 c_u 级;当 $\rho > 10\%$ 时评为 d_u 级。

2 当承压面出现腐朽时直接评为 c_u 级;当存在心腐时直接评为 d_u 级。

3.3.9 齿连接节点危险性虫蛀项目的安全性等级评定方法同木构件。

3.4 螺栓连接节点

3.4.1 按承载能力评定螺栓连接节点的安全性等级时,按表3.2.1 中主要构件的规定评定各验算项目的等级,取其中最低等级作为该节点承载能力的安全性等级。

3.4.2 螺栓连接节点按构造评价安全性等级时,应检查材质、销轴类紧固件的端距、边距、间距和行距最小尺寸要求等项目,取其中最低等级作为该节点构造安全性等级。完全符合设计标准要求时评为 a_u 级;基本符合时评为 b_u 级;不符合时根据严重程度评为 c_u 级或 d_u 级。

3.4.3 螺栓连接节点不适于承载的位移或变形项目的安全性等级按下列规定:螺栓无松动、节点无转动时评为 a_u 级;螺栓有松动但节点无转动时评为 b_u 级;节点有转动、转角不大于 0.06rad 时评为 c_u 级;节点转角大于 0.06rad 时评为 d_u 级。

3.4.4 螺栓连接节点的安全性按不适于承载的裂缝项目评定时,

根据开裂后剩余截面承载力,按表 3.2.1 中主要构件一栏的等级界限评定。

3.4.5 螺栓连接节点的危险性腐朽项目安全性等级按下列规定评定:

    1 当木材仅有表层腐朽或老化变质时,根据腐朽或老化深度与边部构件厚度的比值 ρ 评定:无腐朽时评为 a_u 级;$\rho \leqslant 7\%$ 时评为 b_u 级;$7\% < \rho \leqslant 13\%$ 时评为 c_u 级;当 $\rho > 13\%$ 时评为 d_u 级。

    2 当采用钢板作为连接件时,钢板无锈蚀时评为 a_u 级;钢板的平均锈蚀深度与厚度的比值 $\rho \leqslant 7\%$ 时评为 b_u 级;$7\% < \rho \leqslant 13\%$ 时评为 c_u 级;当 $\rho > 13\%$ 时评为 d_u 级。

3.4.6 螺栓连接节点危险性虫蛀项目的安全性等级评定方法同木构件。

3.5 榫卯连接节点

3.5.1 当榫卯节点的做法符合宋代《营造法式》、清代《工程做法》等规制,且未见异常时,可不进行承载能力评定,直接根据其完好程度合定为 a_u 级或 b_u 级。

3.5.2 当榫卯节点需要按承载能力项目评定安全性等级时,按表 3.2.1 中主要构件一栏的规定评定。

3.5.3 榫卯节点按构造评定安全性等级时,如果节点做法符合规制,根据其完好程度评为 a_u 级或 b_u 级;当不符合规制时,根据其对受力性能不利影响的程度评为 c_u 级或 d_u 级。

3.5.4 榫卯连接节点不适于承载的位移或变形项目的安全性等级根据缝隙、拔榫、转动等情况,按表 3.5.4 评定。

表3.5.4 榫卯节点按不适于承载的位移或变形项目评定的安全性等级

项目	安全性等级			
	a_u级	b_u级	c_u级	d_u级
榫头与卯口之间的缝隙（缝宽与榫长比值 ρ_s）	无缝隙，契合良好	有缝隙，馒头榫、管脚榫缝宽不超过2 mm；其余榫缝宽不超过5 mm	缝宽超过5 mm，$\rho_s\leqslant10\%$	$\rho_s>10\%$
拔榫（拔榫长度与榫长比 ρ_l）	无拔榫 替木等拉结件完好	$0<\rho_l\leqslant12.5\%$ 拉结件松动	$12.5\%<\rho_l\leqslant25\%$ 拉结件失效	$\rho_l>25\%$ 拉结件失效
节点转动 (θ)/rad 直榫、半榫、透榫、燕尾榫	无转角	$0<\theta\leqslant0.025$	$0.025<\theta\leqslant0.05$	$\theta>0.05$
节点转动 (θ)/rad 箍头榫	无转角	$0<\theta\leqslant0.009$	$0.009<\theta\leqslant0.018$	$\theta>0.018$
节点转动 (θ)/rad 馒头榫	$\theta\leqslant0.019$	$0.019<\theta\leqslant0.022$	$0.022<\theta\leqslant0.025$	$\theta>0.025$
节点转动 (θ)/rad 瓜柱柱脚直榫	无转角	$0<\theta\leqslant0.004$	$0.004<\theta\leqslant0.008$	$\theta>0.008$
节点转动 (θ)/rad 管脚榫	无转角	$0<\theta\leqslant0.01$	$0.01<\theta\leqslant0.02$	$\theta>0.02$

注：ρ_s对于半榫、透榫、直榫取榫头上面缝隙与榫长的比值；对于馒头榫、箍头榫、管脚榫和瓜柱柱脚直榫取柱脚直榫取榫头侧面缝隙与榫长的比值；燕尾榫分别取榫头上面缝隙和侧面缝隙与榫长的比值。

3.5.5 榫卯连接节点的安全性按不适于承载的裂缝项目评定时,按表3.5.5的规定评级。

表3.5.5 榫卯节点按不适于承载的裂缝项目评定的安全性等级

榫卯类型	安全性等级			
	a_u级	b_u级	c_u级	d_u级
直榫	榫头、卯口无裂缝	榫头无裂缝;因卯口开裂引起的榫侧缝隙宽度不超过5 mm	榫头出现裂缝,裂缝深度不超过榫宽的20%	榫头裂缝深度超过榫宽的20%
燕尾榫			因卯口开裂引起的榫侧缝隙宽度、榫头裂缝深度不超过榫宽的20%	榫侧缝隙宽度或裂缝深度超过榫宽的20%
半榫			榫头变截面处有裂缝	榫头变截面处劈裂
透榫			卯口开裂引起的榫侧缝隙宽度超过5 mm	榫头开裂
瓜柱柱脚直榫			因卯口开裂引起的榫侧缝隙宽度不超过5 mm	榫头变截面处开裂
箍头榫			卯口开裂引起的榫侧缝隙宽度超过5 mm	榫头开裂
馒头榫				

3.5.6 榫卯连接节点的危险性腐朽安全性等级按下列规定评定：无腐朽时根据完好程度评为 a_u 级或 b_u 级；存在腐朽时根据严重程度评为 c_u 级或 d_u 级。

3.5.7 榫卯连接节点危险性虫蛀项目的安全性等级评定方法同木构件。

4 木竹构件耐火性能评价

4.1 一般规定

4.1.1 本指南仅针对木结构及工程竹结构构件的耐火性能评价。

4.1.2 木结构构件和工程竹构件的耐火性能评价,应按耐火极限燃烧后残余构件的承载力、完整性、隔热性分别评定受检构件的耐火性能等级,并应取其中最低一级作为该构件的耐火性能等级。

4.1.3 木结构构件和工程竹构件出现下列状态之一时,应认为达到耐火能力极限状态:

    1 承重构件达到了耐火承载力极限状态;

    2 构件失去了完整性;

    3 构件失去了隔热性。

4.1.4 计算受火后的结构剩余承载力时,作用效应的确定,应符合下列规定:

    1 作用的组合、分项系数及组合值系数,应按现行国家标准《建筑结构荷载规范》GB 50009 的规定执行;

    2 当结构受到温度、变形等作用,且对承载有显著影响时,应计入由之产生的附加内力。

4.2 木结构构件

4.2.1 木结构建筑构件的燃烧性能和耐火极限不应低于表4.2.1确定的各项的值。

表 4.2.1 木结构建筑中构件的燃烧性能和耐火极限(h)

构件名称	燃烧性能和耐火极限
防火墙	不燃性　3.00
电梯井墙体	不燃性　1.00

构件名称	燃烧性能和耐火极限
承重墙、住宅建筑单元之间的墙和分户墙、楼梯间的墙	难燃性　1.00
非承重外墙、疏散走道两侧的隔墙	难燃性　0.75
房间隔墙	难燃性　0.50
承重柱	可燃性　1.00
梁	可燃性　1.00
楼板	难燃性　0.75
屋顶承重构件	可燃性　0.50
疏散楼梯	难燃性　0.50
吊顶	难燃性　0.15

4.2.2 对于方木原木、层板胶合木、旋切板胶合木、平行木片胶合木和层叠木片胶合木构件,燃烧 t 小时后,有效炭化层厚度应根据下式计算:

$$d_{ef} = 1.2\beta_n t^{0.813} \qquad (4.2.2)$$

式中:d_{ef}——有效炭化层厚度(mm);

β_n——木材燃烧 1.00h 的名义线性炭化速率(mm/h);采用针叶材制作的木构件的名义线性炭化速率为 38 mm/h;

t ——耐火极限(h);

4.2.3 对于正交胶合木构件,燃烧 t 小时后,有效炭化层厚度应根据下式计算:

$$d_{ef} = \beta_0 t + 7 \text{ mm} \qquad (4.2.3)$$

式中:β_0—— 木材一维设计的炭化速率,在正交胶合木中取 0.65 mm/min。

4.2.4 结构或结构构件的破坏或过度变形的承载能力极限状态设计,应符合式(4.2.4)规定:

$$S_k \leqslant R_f \qquad (4.2.4)$$

式中:S_k——火灾发生后验算受损木构件的荷载偶然组合的效应设计值,永久荷载和可变荷载均应采用标准值;

R_f——按耐火极限燃烧后残余木构件的承载力设计值,进行残余木构件承载力设计值计算时,构件材料的强度和弹性模量应采用平均值。

4.2.5 当验算燃烧后的木构件的承载能力时,应按国家现行标准《木结构设计标准》GB 50005 第 5 章的各项相关规定进行验算,并应符合下列规定:

1 验算木构件燃烧后的承载能力时,应采用构件燃烧后的剩余截面尺寸;

2 当确定构件强度值需要考虑尺寸调整系数或体积调整系数时,应按构件燃烧前的截面尺寸计算相应调整系数。

4.2.6 方木原木构件抗火项目的安全性等级按表 4.2.6 的规定评级,表中的半径或宽度,是指方木原木构件为达到相应的安全等级所需的原始截面尺寸。

表 4.2.6 按方木原木构件实际的耐火极限评定的耐火性能等级

构件类别	半径或宽度 /mm	耐火性能等级			
		a_u级	b_u级	c_u级	d_u级
柱	200～300	≥60	≥55	≥50	<50
	300～400	≥60	≥50	≥40	<40
	400～550	≥60	≥45	≥30	<30
	>550	≥60	≥40	≥20	<20
梁	200～300	≥60	≥55	≥50	<50
	300～450	≥60	≥50	≥40	<40
	450～550	≥60	≥45	≥30	<30
	>550	≥60	≥40	≥20	<20

注:1. 本表针对暴露的木结构构件,未考虑任何防火措施;

  2. 小于表中尺寸的构件,对耐火极限分等级的意义不大。

4.2.7 胶合木构件抗火项目的安全性等级按表 4.2.7 的规定评级,表中的半径或宽度,是指胶合木构件为达到相应的安全等级所需的原始截面尺寸。

表 4.2.7 按胶合木构件实际的耐火极限评定的耐火性能等级

构件类别	半径或宽度 /mm	耐火性能等级			
		a_u 级	b_u 级	c_u 级	d_u 级
柱	200～350	≥60	≥55	≥50	<50
	350～450	≥60	≥50	≥40	<40
	450～600	≥60	≥45	≥30	<30
	>600	≥60	≥40	≥20	<20
梁	250～450	≥60	≥55	≥50	<50
	450～550	≥60	≥50	≥40	<40
	>550	≥60	≥50	≥35	<35

注:1. 本表针对暴露的木结构构件,未考虑任何防火措施;
　　2. 小于表中尺寸的构件,对耐火极限分等级的意义不大。

4.2.8 对于有完整性和隔热性要求的构件,当按完整性和隔热性评定木构件的耐火性能等级时,应按表 4.2.8 的规定评定各构件的耐火等级:

表 4.2.8 按完整性和隔热性评定的耐火性能等级

检查项目	耐火性能等级	
	a_u 级或 b_u 级	c_u 级或 d_u 级
完整性	完整性失效时间符合国家现行设计标准的规定	完整性失效时间不符合国家现行设计标准的规定
隔热性	隔热性失效时间符合国家现行设计标准的规定	隔热性失效时间不符合国家现行设计标准的规定

4.3 木结构节点

4.3.1 当评定木结构节点的抗火性能时,根据节点剩余承载力,按表 4.3.1 的规定分别评定每一项验算项目的等级,并应取其中最低等级作为该节点的抗火安全性等级。

表 4.3.1　木结构节点抗火安全性等级

构件类别	抗火安全性等级			
	a_u级	b_u级	c_u级	d_u级
木结构节点	$R_f/S_k \geqslant 1.0$	$1.0 \geqslant R_f/S_k \geqslant 0.95$	$0.95 \geqslant R_f/S_k \geqslant 0.90$	$R_f/S_k < 0.90$

注:本表中 S_k 和 R_f 可按本指南第 4.2.4 条进行确定。

4.3.2　受火后的节点剩余承载力 R_f 应按不同节点的形式计算,计算方法参见附录 B。

4.4　工程竹结构构件

4.4.1　工程竹结构构件的燃烧性能和耐火性能要求应按表 4.4.1 确定。

表 4.4.1　工程竹结构构件的燃烧性能和耐火极限(h)

构件名称	燃烧性能和耐火极限	
承重墙、住宅建筑单元之间的墙和分户墙、楼梯间的墙	难燃性	1.00
电梯井的墙	不燃性	1.00
非承重外墙、疏散走道两侧的隔墙	难燃性	0.75
房间隔墙	难燃性	0.50
承重柱	可燃性	1.00
梁	可燃性	1.00
楼板	难燃性	0.75
屋顶承重构件	可燃性	0.50
疏散楼梯	难燃性	0.50
吊顶	难燃性	0.15

4.4.2　工程竹结构构件燃烧 t 小时后,有效炭化层厚度应根据下式计算:

$$d_{ef} = \beta_n t + C_d \qquad (4.4.2)$$

式中:d_{ef}——有效炭化层厚度(mm);

　　　β_n——工程竹材燃烧 1.00 h 的名义线性炭化速率(mm/h);

　　　胶合竹构件的名义线性炭化速率为 54 mm/h,重组竹构件的

名义线性炭化速率为 30 mm/h;

t ——耐火极限(h);

C_d ——考虑"拐角效应"和高温分解区等影响的相关常数,对于胶合竹构件取 7 mm,对于重组竹构件取 5 mm。

4.4.3 当计算按耐火极限燃烧后残余构件的承载能力时,应符合下列规定:

1 计算按耐火极限燃烧后残余构件的承载能力时,应采用构件燃烧后的剩余截面尺寸;

2 当确定构件强度值需要考虑尺寸调整系数或体积调整系数时,应按构件燃烧前的截面尺寸计算相应调整系数。

4.4.4 当按耐火极限燃烧后残余构件的承载力评定工程竹构件的耐火性能等级时,应按表 4.4.4 的规定评定各构件的耐火等级:

表 4.4.4　按耐火极限燃烧后残余构件的承载力评定的耐火性能等级

构件名称	耐火性能等级			
	a_u级	b_u级	c_u级	d_u级
主要构件	$R_f/S_k \geqslant 1.0$	$1.0 > R_f/S_k \geqslant 0.95$	$0.95 > R_f/S_k \geqslant 0.90$	$R_f/S_k < 0.90$
一般构件	$R_f/S_k \geqslant 1.0$	$1.0 > R_f/S_k \geqslant 0.90$	$0.90 > R_f/S_k \geqslant 0.85$	$R_f/S_k < 0.85$

4.4.5 对于有完整性和隔热性要求的构件,当按完整性和隔热性评定工程竹构件的耐火性能等级时,应按表 4.4.5 的规定评定各构件的耐火等级:

表 4.4.5　按完整性和隔热性评定的耐火性能等级

检查项目	耐火性能等级	
	a_u级或 b_u级	c_u级或 d_u级
完整性	完整性失效时间符合国家现行设计标准的规定	完整性失效时间不符合国家现行设计标准的规定
隔热性	隔热性失效时间符合国家现行设计标准的规定	隔热性失效时间不符合国家现行设计标准的规定

5　建筑防火性能评价

5.1　一般规定

5.1.1　本指南适用于新建和既有的木竹结构建筑的防火性能评价。

5.1.2　木竹结构建筑的防火性能,应根据其建筑特性、防火间距与灭火救援条件、耐火等级与防火分隔、疏散设施、消防设施等检查项目进行综合评定。

5.1.3　新建的木竹结构建筑的防火设计应符合《建筑设计防火规范》GB 50016 及其他消防技术标准的规定。既有的木竹结构建筑在改建和扩建过程中,应按照《建筑设计防火规范》GB 50016 及其他消防技术标准的规定进行加强。

5.1.4　当木竹结构建筑的防火安全性鉴定为不合格时,应待采取加强措施、满足防火安全性后再进行评价。

5.2　建筑特性

5.2.1　按建筑高度评定木竹结构建筑的防火安全性等级时,按表5.2.1进行评定。

表5.2.1　按建筑高度评定的防火安全性能

项目	防火安全性等级			
	a_u级	b_u级	c_u级	d_u级
建筑高度 H	$H \leqslant 7m$	$7m < H \leqslant 13m$	$13m < H \leqslant 24m$	$H > 24m$

5.2.2　按单体建筑的建筑面积评定木竹结构建筑的防火安全性等级时,按表5.2.2进行评定。

表 5.2.2　按建筑面积评定的防火安全性能

项目	防火安全性等级			
	a_u 级	b_u 级	c_u 级	d_u 级
建筑面积 S	$S \leqslant 600m^2$	$600m^2 < S \leqslant 1200m^2$	$1200m^2 < S \leqslant 1800m^2$	$S > 1800m^2$

5.2.3　木竹结构建筑内用火用气的安全性等级按下列规定评定：建筑内不进行炊事活动,且无其他燃气或明火使用功能的,评为 a_u 级;建筑内仅用电进行炊事活动的,且无其他燃气或明火使用功能的,评为 b_u 级;建筑内使用燃气和其他明火进行炊事活动的,评为 c_u 级;建筑内使用燃气和其他明火进行其他生产活动的,评为 d_u 级。

5.3　防火间距与灭火救援条件

5.3.1　木竹结构建筑防火间距项目的安全性等级,按表5.3.1进行评定。

表 5.3.1　按防火间距评定的防火安全性能

项目	防火安全性等级			
	a_u 级	b_u 级	c_u 级	d_u 级
防火间距 d	$d > 9$ m	6 m $< d \leqslant 9$ m	4 m $< d \leqslant 6$ m	$d \leqslant 4$ m

5.3.2　木竹结构建筑消防车道的安全性等级按下列规定评定:建筑周围设有环形消防车道或四周均有消防车道的,评为 a_u 级;建筑周围沿两个长边设有消防车道的,评为 b_u 级;建筑周围仅一条边设有消防车道的,评为 c_u 级;建筑周围无消防车道或周围车道均不满足消防车道要求的,评为 d_u 级。

5.3.3　木竹结构建筑周围消防站覆盖范围项目的安全性等级按下列规定评定:消防站距木竹结构建筑较近,高峰时期能满足消防车 3 min 内达到该建筑的,评为 a_u 级;能满足消防车 5 min 内达到该建筑的,评为 b_u 级;能满足消防车 10 min 内达到该建筑的,评为 c_u 级;消防站距木竹结构建筑较远,消防车 10 min 内尚不能到达该建筑的,评为 d_u 级。

5.4 耐火等级与防火分隔

5.4.1 木竹结构建筑耐火等级项目的安全性等级按下列规定评定:当建筑各构件的耐火极限满足三级或三级以上耐火等级建筑构件的耐火极限时,评为 a_u 级;当建筑各构件的耐火极限满足木竹结构建筑构件的耐火极限时,评为 b_u 级;当建筑各构件的耐火极限仅满足四级耐火等级建筑构件的耐火极限时,评为 c_u 级;当建筑各构件的耐火极限不满足四级耐火等级建筑构件的耐火极限时,评为 d_u 级。

5.4.2 木竹结构建筑外墙燃烧性能项目的安全性等级按下列规定评定:当外墙表面完全为不燃性材料且不含空腔构造时,评为 a_u 级;当外墙表面为不燃性材料但含有空腔构造时,评为 b_u 级;当外墙表面材料的燃烧性能为 B1 级时,评为 c_u 级;当外墙表面材料的燃烧性能不足 B1 级时,评为 d_u 级。

5.4.3 木竹结构建筑内部的水平防火分隔项目安全性等级按下列规定评定:当木竹结构建筑内部各层之间采用耐火极限满足要求且燃烧性能为 B1 级的楼板进行完全分隔、楼板上下无洞口连接或采取措施进行完全防火分隔、采用封闭楼梯间时,评为 a_u 级;当木竹结构建筑内部各层之间采用耐火极限满足要求且燃烧性能为 B1 级的楼板进行完全分隔、楼板上下无洞口连接或采取措施进行完全防火分隔、采用封闭楼梯间,但局部防火封堵未处理到位的(如管井内未进行层层放火封堵、穿越楼板的管线未封堵到位),评为 b_u 级;当木竹结构建筑内部各层之间采用耐火极限满足要求且燃烧性能为 B1 级的楼板进行分隔,但存在敞开楼梯或敞开楼梯间上下相连或采用中庭等洞口连通而没有进行完全防火分隔的,评为 c_u 级;楼板的耐火极限不能满足要求或楼板的燃烧性能为 B2 级及 B2 以下的,评为 d_u 级。

5.4.4 木竹结构建筑内部的竖向防火分隔项目安全性等级按下列规定评定:当木竹结构建筑内部均采用耐火极限满足要求且燃

烧性能为 B1 级的墙体进行防火分隔、房间之间的连通洞口采取防火门窗、防火卷帘进行分隔时,评为 a_u 级;当木竹结构建筑内部均采用耐火极限满足要求且燃烧性能为 B1 级的墙体进行防火分隔、房间之间的连通洞口采取防火门窗、防火卷帘进行分隔,但局部防火封堵未处理到位的(如穿越墙体的管线未封堵到位),评为 b_u 级;当木竹结构建筑内部均采用耐火极限满足要求且燃烧性能为 B1 级的墙体进行防火分隔,但连通洞口未全部采用防火门窗、防火卷帘进行分隔时,评为 c_u 级;当墙体的耐火极限不能满足要求或墙体的燃烧性能为 B2 级及 B2 以下的,评为 d_u 级。

5.5 疏散设施

5.5.1 木竹结构建筑安全出口数量项目的安全性等级按下列规定评定:当建筑每个防火分区都有 2 个或 2 个以上的独立安全出口时,评为 a_u 级;当建筑每个防火分区至少有 1 个独立安全出口、另一个安全出口借用相邻防火分区时,评为 b_u 级;当建筑每个防火分区至少有 1 个消防安全出口时,评为 c_u 级;当建筑内有的防火分区不满足至少有 1 个消防安全出口时,评为 d_u 级。

5.5.2 疏散宽度项目的安全性等级按下列规定评定:建筑内疏散宽度完全符合规范要求时,评为 a_u 级;当建筑内疏散宽度不足,但不超过规范要求的 10% 时,评为 b_u 级;当建筑内疏散宽度不足,超过 10% 但不超过规范要求的 20% 时,评为 c_u 级;当建筑内疏散宽度不足,且超过 20% 时,评为 d_u 级。

5.5.3 疏散距离的安全性等级按下列规定评定:建筑内疏散距离完全符合规范要求时,评为 a_u 级;当建筑内疏散距离过长,但不超过规范要求的 10% 时,评为 b_u 级;当建筑内疏散距离过长,超过 10% 但不超过规范要求的 20% 时,评为 c_u 级;当建筑内疏散距离过长,且超过 20% 时,评为 d_u 级。

5.5.4 应急照明设施的安全性等级按下列规定评定:建筑内全部设有应急照明装置且能正常工作的,评为 a_u 级;建筑内设有应急照明装置但 1~2 处存在故障不能正常工作的,评为 b_u 级;建筑内设

有应急照明装置但 2 处以上存在故障不能正常工作的,评为 c_u 级;
建筑内未设应急照明装置的,评为 d_u 级。

5.6 消防设施

5.6.1 火灾探测报警系统的防火安全等级按下列规定评定:建筑全部设有火灾探测报警系统,且火灾探测器的设计及安装符合规范的要求,评为 a_u 级;建筑内设有火灾探测报警系统,但部分火灾探测器的设计及安装不符合规范的要求,评为 b_u 级;建筑内未设置火灾探测报警系统,但满足规范允许的不设置火灾探测报警系统的条件,评为 c_u 级;建筑按规范要求应设置火灾探测报警系统,但未设置的,评为 d_u 级。

5.6.2 消防水源的防火安全等级按下列规定评定:建筑内设有消防水池、消防水箱、消防水缸或天然水源,容量满足要求的,评为 a_u 级;容量满足要求,但水量不足,或水质不佳杂质较多的,评为 b_u 级;虽设有消防水源,但容量不足的评为 c_u 级;建筑周围未设置消防水池、水箱,也无天然水源的,评为 d_u 级。

5.6.3 室外消火栓的防火安全等级按下列规定评定:室外消火栓数量充足,且室外消火栓设置及状态均符合要求的,评为 a_u 级;室外消火栓数量充足,但设置及状态不满足要求的,评为 b_u 级;室外消火栓距离过远或数量不足的评为 c_u 级;无室外消火栓的评为 d_u 级。

5.6.4 室内消火栓的防火安全等级按下列规定评定:建筑内设有室内消火栓,且建筑内任一点满足 2 支消防水枪的 2 股充实水柱覆盖布置的、消火栓的布置间距不大于 30.0 m 的,评为 a_u 级;建筑内任一点满足 1 支消防水枪的 1 股充实水柱覆盖布置的、消火栓的布置间距不大于 50.0 m 的,评为 b_u 级;建筑内设有室内消火栓,但消火栓的布置间距大于 50.0 m 或不满足 1 支消防水枪的 1 股充实水柱覆盖布置的,评为 c_u 级;建筑内未设有室内消火栓的,评为 d_u 级。

5.6.5 电气火灾监控设备的防火安全等级按下列规定评定:建筑

内设有电气火灾监控设备,工作正常且设备选型合理,评为 a_u 级;建筑内设有电气火灾监控设备,工作正常但设备选型有待改进,评为 b_u 级;建筑内设有电气火灾监控设备,但存在工作故障的评为 c_u 级;未设置或不能工作的,评为 d_u 级。

5.6.6 电气线路敷设项目的防火安全性等级按下列规定评定:电气线路均敷设在不可燃建筑上,或虽敷设在可燃材料或可燃构件上但完全穿金属套管进行保护的,评为 a_u 级;电气线路虽穿金属套管进行保护,但保护不完整的,评为 b_u 级;未保护的电气线路数量较多及长度较长的,评为 c_u 级;电气线路完全无保护的评为 d_u 级。

5.6.7 开关和插座项目的防火安全等级按下列规定评定:建筑内的开关和插座全部安装在燃烧性能为 B1 级以上的材料上,或者开关和插座靠近可燃物时全部采取了隔热、散热等保护措施,评为 a_u 级;建筑内 1~2 处不符合 a_u 级要求,评为 b_u 级;建筑内 3~4 处不符合 a_u 级要求,评为 c_u 级;超过 4 处不符合 a_u 级要求,评为 d_u 级。

6 木竹结构构件耐久性评价

6.1 一般规定

6.1.1 本指南仅针对室内木、竹结构构件在一般大气条件下的耐久性评价。

6.1.2 耐久性评价应在安全性鉴定合格的基础上进行。当安全性鉴定为不合格时,应待采取加固措施、满足安全性后再进行评价。

6.1.3 耐久性评价包括剩余耐久年限推定和耐久性等级评定。

6.1.4 木构件出现下列状态之一时,应认为超过了耐久性极限状态:

1 构件表面腐朽或老化变质深度已严重影响承载能力;

2 构件受剪面或节点区的干缩裂缝深度已严重影响承载能力;

3 出现虫蛀、白蚁侵害等影响耐久性能的其他特定状态。

6.1.5 重组竹构件出现下列状态之一时,应认为超过了耐久性极限状态:

1 构件表面腐朽或老化变质深度已严重影响承载能力;

2 构件弯曲挠度已严重影响观感质量和使用舒适性。

6.1.6 耐久性等级评定采用 a_d、b_d、c_d 和 d_d 四个等级,各等级的分级标准如下:

1 a_d 级——耐久性符合本指南对 a_d 级的规定,能保持承载能力的年限超过下个目标使用期;

2 b_d 级——耐久性略低于本指南对 a_d 级的规定,能保持承载能力的年限不低于下个目标使用期;

3 c_d 级——耐久性不符合本标准对 a_d 级的规定,能保持承载能力的年限低于下个目标使用期;

4 d_d级——耐久性不符合本标准对 a_d 级的规定,能保持承载能力的年限远低于下个目标使用期。

6.2 木构件

6.2.1 木构件按干缩裂缝项目推定剩余耐久年限时,对于不允许出现干缩裂缝的构件,以开裂的时间作为耐久性失效的时间;对于允许开裂构件,以裂缝深度达到不适于承载的时间作为耐久性失效的时间。

6.2.2 不允许开裂的原木和方木构件按干缩裂缝项目评定的耐久性失效时间可按式(6.2.2)估算,剩余耐久时间取 Y_{cr} 与建成到评价时的时间 Y_a 的差值($Y_{cr}-Y_a$):

$$Y_{cr}=\exp\left[\frac{1.282\,55(\Delta w_{cr}/\mu_{\Delta w}-1)}{\delta_w}\right] \quad (6.2.2)$$

式中:Y_{cr}——按干缩裂缝项目评定的耐久性失效时间(年);

Δw_{cr}——与材料性能有关的木构件干缩开裂的临界含水率变化值(%);

$\mu_{\Delta w}$、δ_w——建筑所在地平衡含水率年变化幅值的均值和离散系数。

6.2.3 干缩开裂的临界含水率变化值应按材料性能的实测值,按式(6.2.3a)计算:

$$\Delta w_{cr}=\frac{(1+\sqrt{\alpha_E})f_T}{k_s(\alpha_T-\alpha_R)E_T} \quad (6.2.3a)$$

式中:f_T——横纹弦向抗拉强度(MPa);

E_T——横纹弦向弹性模量(MPa);

α_E——横纹弦向弹性模量与径向弹性模量之比;

α_T、α_R——分别为横纹弦向与径向干缩湿胀系数;

k_s——构件形状系数,原木构件 $k_s=1.0$;方木构件的形状系数根据截面高宽比 $\beta=h/b$,按式(6.2.3b)计算;当构件破心下料时 β 取两倍的高宽比:

$$k_s=\begin{cases} -1.53\beta^2+4.84\beta-1.73 & 1\leqslant\beta\leqslant1.6 \\ 2.1 & \beta>1.6 \end{cases} \quad (6.2.3b)$$

6.2.4 平衡含水率年变化幅值的均值 $\mu_{\Delta w}$ 和离散系数 δ_w 可查附表 C;附表中没有的地区可根据当地 30 年及以上的温湿度气象资料,按下列方法统计:

1 根据温湿度的 10 天平均值按式(6.2.4)计算平衡含水率 w;

$$w = 0.01 \left[\frac{-(T+273.15)\ln(1-RH)}{0.13\left(1-\dfrac{T+273.15}{647.1}\right)^{-6.46}} \right]^{\frac{(T+273.15)^{0.75}}{110}} \quad (6.2.4)$$

式中:T——连续 10 天的平均气温(℃);

RH——连续 10 天的平均空气相对湿度(%)

2 以年最大平衡含水率 w_{max} 与一年内最低旬平衡含水率 w_{min} 的极值差的 $2/\pi$ 作为平衡含水率年变化幅值 $\Delta w_i = 2(w_{max} - w_{min})/\pi$;

3 根据各年的平衡含水率年变化幅值统计均值 $\mu_{\Delta w}$ 和离散系数 δ_w。

6.2.5 允许开裂的原木和方木构件已开裂时,按干缩裂缝项目评价的耐久性失效时间 Y_{cr}(年)可按式(6.2.5a)、式(6.2.5b)估算,剩余耐久年限取 Y_{cr}:

$$Y_{cr} = \exp\left\{ \frac{1.282\,55}{\delta_w}\left[\frac{k_s(1-\sqrt{\alpha_E})\gamma_{cr}^{(1-\sqrt{\alpha_E})}}{\gamma_{cr}^{(1-\sqrt{\alpha_E})}-\sqrt{\alpha_E}}\frac{\Delta w_{cr}}{\mu_{\Delta w}} - 1 \right] \right\} \quad (6.2.5a)$$

$$\gamma_{cr} = \frac{1-[\rho]}{1-\rho_0} \quad (6.2.5b)$$

式中:γ_{cr}——裂缝深度临界系数;

$[\rho]$——相对裂缝深度临界值,取表 4.2.9 中 c_u 级与 b_u 级的界限值;

ρ_0——已有裂缝相对深度的检测值;

k_s——构件截面形状系数,同式(6.2.3b)。

6.2.6 允许开裂的原木和方木构件未开裂时,剩余耐久年限取式(6.2.2)与式(6.2.5a)算得的失效时间之和扣除建成到评价时的

时间 Y_a；计算时取式(6.2.5b)中的 $\rho_0 = 0$。

6.2.7 木构件按表面腐朽项目推定剩余耐久年限时，以腐朽后剩余截面承载力的可靠指标 β 下降到 1.7 作为耐久性失效的时间。

6.2.8 对于已开始腐朽的木构件，按表面腐朽项目评价的耐久性失效时间 Y_d 可按式(6.2.8a)估算，剩余耐久年限取 Y_d：

$$Y_d = \frac{\gamma_d h}{v_d \mu_I (1 + \gamma_Y \delta_I)} \qquad (6.2.8a)$$

式中：h——构件截面高度或直径(mm)；

γ_d——单侧腐朽深度与构件截面高度或直径之比的临界值，对于受弯构件、受压构件和受拉构件分别取 14.1%、11.1% 和 10%，对于评价时已出现腐朽的构件需要扣除单侧已腐朽的深度；

v_d——相同树种最适宜温湿度下室内试验的线性腐朽速率(mm/年)；当室内试验与被评构件的材质不同时，需按表 6.2.8a 系数对最适宜温湿度下的腐朽速率进行修正；

γ_Y——与失效时间有关的系数，按表 6.2.8b 取；

μ_I、δ_I——建筑所在地年气候指数的均值、离散系数，按附表 C 取用，表中没有的地区按下列方法统计：

1 根据日平均气温按式(6.2.8b)计算日温度影响因子 D_{ti}：

$$D_{ti} = \begin{cases} 0 & T < 4\ ℃；T > 40\ ℃ \\ (1 + 4.42 \times 10^{12}\,e^{-1.3T})^{-\frac{1}{5}} & 4\ ℃ \leqslant T \leqslant 25\ ℃ \\ -4.44 \times 10^{-3}\,T^2 + 0.22T - 1.78 & 25\ ℃ < T \leqslant 40\ ℃ \end{cases}$$
$$(6.2.8b)$$

2 根据日平均温湿度，由式(6.2.4)算得日平均平衡含水率，取日平均平衡含水率 90% 后按式(6.2.8c)计算日含水率影响因子 D_{wi}

$$D_{wi} = \begin{cases} -6.94 \times 10^{-3}\,w^2 + 0.42w - 5.25 & 18\% \leqslant w \leqslant 30\% \\ -1.11 \times 10^{-4}\,w^2 + 6.65 \times 10^{-3}\,w + 0.900\ 3 & 30\% < w \leqslant 125\% \\ 0 & w < 18\%，w > 125\% \end{cases}$$
$$(6.2.8c)$$

3 按式(6.2.8d)计算年气候指数 I_d

$$I_d = \frac{1}{365} \sum_{i=1}^{365} D_{Ti} \cdot D_{wi} \qquad (6.2.8d)$$

4 根据各年的气候指数 I_d 统计均值 μ_I 和离散系数 δ_I。

表 6.2.8a 同一树种不同部位木材腐朽速率修正系数

树种耐腐等级	木材位置		
	边材	内部芯材	外部芯材
Ⅰ	1.0	0.15	0.08
Ⅱ	1.0	0.20	0.10
Ⅲ	1.0	0.35	0.18
Ⅴ	1.0	0.67	0.34

表 6.2.8b 系数 γ_Y

Y_d/年	1	5	10	20	30	40	50	100
γ_Y	0	1.25	1.80	2.34	2.65	2.88	3.05	4.0

6.2.9 当被评价构件有现场腐朽速度的实测数据时,可按式(6.2.9)估算腐朽项目的耐久性失效时间

$$Y_d = \frac{\gamma_d h}{\bar{v}_d} \qquad (6.2.9)$$

式中:$\bar{v}_d$——现场实测的年平均腐朽速率(mm/年);其余参数同式(6.2.8a)。

6.2.10 对于尚未腐朽的木构件,按表面腐朽项目评价的耐久性失效时间需在式(6.2.8a)算的 Y_d 基础上增加开始腐朽时间 Y_0 与建成到评价时的时间 Y_a 的差值($Y_0 - Y_a$)。

6.2.11 木构件开始腐朽时间 Y_0 可近似按下式估算:

$$\sum_{i=1}^{365 Y_0} D_{ti,0} \cdot D_{wi,0} = 442 \qquad (6.2.11a)$$

开始腐朽时间 Y_0 按附表 C 取用,表中没有的地区其 $D_{ti,0}$、$D_{wi,0}$ 按下列方法统计:

1 根据日平均气温按式(6.2.11b)计算日温度影响因子

$D_{ti,0}$:

$$D_{ti,0} = \begin{cases} 0, T < 0 \ ^\circ\text{C} \\ T/30, \ 0 \ ^\circ\text{C} \leqslant T \leqslant 30 \ ^\circ\text{C} \\ 1, \ T > 30 \ ^\circ\text{C} \end{cases} \quad (6.2.11\text{b})$$

2 根据日平均温湿度、由式(6.2.4)算得日平均平衡含水率后按式(6.2.8c)计算日含水率影响因子 $D_{ui,0}$:

$$D_{ui,0} = \begin{cases} (w/30)^2, w \leqslant 30\% \\ 1, w > 30\% \end{cases} \quad (6.2.11\text{c})$$

3 按式(6.2.11a)计算开始腐朽时间 Y_0 。

6.2.12 木构件的剩余耐久年限应取腐朽和干缩裂缝项目剩余耐久年限的最小值。

6.2.13 木构件的耐久性等级按下列规定评定:当剩余耐久年限的推断值超过下一个目标使用年限且不适于承载的裂缝项目、危险性腐朽项目和危险性虫蛀项目的安全性等级均为 a_u 级时,耐久性等级评为 a_d ;当剩余耐久年限的推断值超过下个目标使用年限但不适于承载的裂缝项目、危险性腐朽项目和危险性虫蛀项目的安全性等级低于 a_u 级时,耐久性等级评为 b_d 级;当剩余耐久年限的推断值低于下一个目标使用年限但超过目标使用年限一半时,耐久性等级评为 c_d 级;当剩余耐久年限的推断值低于下一个目标使用年限的一半时,耐久性等级评为 d_d 级。

6.3 重组竹构件

6.3.1 重组竹构件耐久性等级的评定,应以腐朽损伤和挠度等级两个检查项目所评的等级为依据,按其中较低一级作为该构件的耐久性评定等级。

6.3.2 当评定重组竹构件腐朽损伤时,应按表6.3.2的规定,分别评定构件本身和节点的等级,并取其中较低一级作为构件腐蚀损伤等级。

表 6.3.2 竹构件腐朽损伤的评定

等级	a_d 级	b_d 级	c_d 级	d_d 级
评定标准	竹材表面无腐朽且按 6.3.6 条得到的剩余耐久年限推定值大于剩余使用年限	腐朽面积小于原截面面积的 5% 且按 6.3.6 条得到的剩余耐久年限推定值大于剩余使用年限	腐朽面积大于原截面面积的 5%,且按 6.3.6 条得到的剩余耐久年限推定值小于剩余使用年限的一半	腐朽面积大于原截面面积的 10% 或按 6.3.6 条得到的剩余耐久年限推定值小于剩余使用年限的一半

6.3.3 当评定重组竹构件挠度等级时,应符合下列规定,按表 6.3.3 的规定,评定每一个子项目的挠度等级。

表 6.3.3 竹构件蠕变变形挠度等级的评定

子项目		a_d 级	b_d 级	c_d 级
桁架(含屋架、托架)		$\leqslant l_0/500$	$\leqslant l_0/400$	$> l_0/400$
檩条	$l_0 \leqslant 3.3\ m$	$\leqslant l_0/250$	$\leqslant l_0/200$	$> l_0/200$
	$l_0 > 3.3\ m$	$\leqslant l_0/300$	$\leqslant l_0/250$	$> l_0/250$
椽条		$\leqslant l_0/200$	$\leqslant l_0/150$	$> l_0/150$
吊顶中的受弯构件	抹灰吊顶	$\leqslant l_0/360$	$\leqslant l_0/300$	$> l_0/300$
	其他吊顶	$\leqslant l_0/250$	$\leqslant l_0/200$	$> l_0/200$
楼盖梁、搁栅		$\leqslant l_0/300$	$\leqslant l_0/250$	$> l_0/250$

注:表中 l_0 为构件计算跨度实测值。

6.3.4 当重组竹构件的耐久性等级评为 a_d 级,且今后处于正常使用环境中,并保持防腐层不变时,其剩余耐久年限的评估宜符合下列规定:

1 已使用年数不多于 10 年者,其剩余耐久年限可估计为 40~50 年;

2 已使用年数达 20 年者,其剩余耐久年限可估计为 20~30 年;

3 已使用年数达 30 年者,其剩余耐久年限可估计为 10~

20 年。

注:当已使用年数为中间值时,其剩余耐久年限可在线性内插值的基础上结合工程经验进行调整。

6.3.5 当重组竹构件的耐久性等级评为 b_d 级,其剩余耐久年限可按 6.3.4 条规定的年数减少 15 年进行估计,但最低剩余耐久年限应不少于 5 年。

6.3.6 重组竹构件按表面腐朽损伤推定剩余耐久年限时,可靠指标 β、耐久性失效时间 Y_d、开始腐朽时间 Y_0 的计算均可参照木构件耐久性评价中相关的计算方法。

6.3.7 重组竹构件的剩余耐久年限应取腐朽损伤和挠度项目剩余耐久年限的最小值。

6.3.8 在重组竹构件的剩余耐久年限评估基础上,评定其整体结构的剩余耐久年限时,宜符合下列规定:

1 一般以主要构件中所评的最低剩余年限作为该结构的剩余耐久年限;

2 当一般构件的平均剩余耐久年限低于按主要构件评定的剩余耐久年限时,取该平均年限为结构的剩余耐久年限。

6.4 钉连接节点

6.4.1 钉连接节点处定向刨花板(OSB)面板的握钉力、失重率可用于评价钉节点耐久性能的指标。

6.4.2 按定向刨花板(OSB)面板的握钉力评定钉节点的安全等级时,握钉力无变化为 a_u 级,握钉力下降程度≤8%时为 b_u 级,8%<握钉力下降程度≤19%时为 c_u 级,19%<握钉力下降程度≤29%时为 d_u 级。

6.4.3 按定向刨花板(OSB)面板的失重率评定钉节点的安全等级时,刨花板质量无变化为 a_u 级,刨花板失重率≤7%时为 b_u 级,7%<刨花板失重率≤15%时为 c_u 级,15%<刨花板失重率≤22%时为 d_u 级。

7 木质建筑热舒适性评价

7.1 一般规定

7.1.1 为给民用木质建筑热环境设计与评价提供方法与参数,提高其节能设计的准确性与科学性,制定本指南。

7.1.2 本指南是在按普通建筑室内热环境进行设计与评价的基础上,针对木质室内环境进行的。

7.1.3 此处木质室内环境指以木材为主要结构及作为室内装饰用材料形成的室内环境。

7.1.4 木质建筑热环境设计室内计算参数的选用除应符合本指南的规定外,尚应符合国家现行有关标准的规定。

7.2 术语

7.2.1 热舒适 thermal comfort

对当前热环境表示满意的心理状态。

7.2.2 热感觉 thermal sensation

人体对冷热程度的主观感受。

7.2.3 可接受环境 acceptable thermal environment

超过 80% 的使用者认为可以接受的热环境。

7.2.4 舒适范围 comfort zone

在特定的新陈代谢率和服装热阻下,由空气温度、平均辐射温度和湿度组合而成的大多数人可以接受的热环境。

7.2.5 预计平均热感觉指数(*PMV*) predicted mean vote

PMV 指数是根据人体热平衡预计群体对 7 个等级热感觉评价的平均值。

PMV 指数是以人体热平衡的基本方程式以及心理生理学主观热感觉的等级为出发点,考虑了人体热舒适感诸多有关因素的

全面评价指标。*PMV* 指数表明群体对于(＋3〜－3)七个等级热感觉投票的平均指数。

7.2.6 预计不满意者的百分数(*PPD*) predicted percent of dissatisfied

PPD 指数为预计处于热环境中的群体对于热环境不满意的投票平均值。*PPD* 指数可预计群体中感觉过暖或过凉的人(根据七级热感觉投票表示热(＋3),温暖(＋2),凉(－2),或冷(－3))的百分数。

7.2.7 局部热不舒适 local thermal discomfort

由于局部冷吹风感、垂直温差、地板表面温度、不对称辐射温度等引起的热不舒适。

7.2.8 服装热阻 clothing insulation

表征服装阻抗传热能力的物理量。

7.2.9 新陈代谢率 metabolic rate

人体通过代谢将化学能转化为热能和机械能的速率,通常用人体单位面积的代谢率表示。

7.3 基于 *PMV* 指标的木质环境内人员热舒适确定方法

7.3.1 进行供暖空调设计时,热舒适度等级划分按表 7.3.1 采用:

表 7.3.1 不同热舒适等级对应的 *PMV*、*PPD* 值

热舒适等级	*PMV*	*PPD*
Ⅰ级	$-0.5 \leqslant PMV \leqslant 0.5$	$PPD \leqslant 10\%$
Ⅱ级	$-1 \leqslant PMV < -0.5, \; 0.5 < PMV \leqslant 1$	$10\% < PPD \leqslant 27\%$

7.3.2 *PMV* 指标的计算应根据《中等热环境 *PMV* 和 *PPD* 指数的测定及热舒适条件的规定》GB/T 18049 中的方法进行。

表 7.3.2　PMV 计算时供暖空调相对湿度和空气流速设计参数取值

类别	热舒适等级	温度/℃	相对湿度/%	空气流速/(m·s⁻¹)
供热工况	Ⅰ级	21~23	≥30	≤0.2
	Ⅱ级	17~21	—	≤0.2
供冷工况	Ⅰ级	24.5~26.5	40~60	≤0.25
	Ⅱ级	26.5~28.5	≤70	≤0.3

7.3.3　计算 *PMV* 指标时,木质环境内人员长期逗留区域空调室内设计温度、相对湿度和空气流速应根据表 7.3.3 进行取值:

表 7.3.3　PMV 计算时常见代谢率取值

活动	代谢率	
	met	W/m²
睡觉	0.7	40
斜倚	0.8	46
坐姿,放松	1.0	58
坐姿活动(办公室、居所、学校、实验室)	1.2	70
坐姿,轻度活动(购物、实验室工作、轻体力工作)	1.6	93
坐姿,中度活动(商店售货、家务劳动、机械工作)	2.0	116
平地步行,2 km/h	1.9	110
平地步行,3 km/h	2.4	140
平地步行,4 km/h	2.8	165
平地步行,5 km/h	3.4	200

7.3.4　计算 *PMV* 指标时,人员代谢率应根据建筑类型和使用人员常见的活动类型,参考表 7.3.4 进行取值:

表 7.3.4   *PMV* 计算时典型服装组合取值

服装组合	服装热阻/clo
内裤、T 恤衫、短外衣、薄袜、便鞋	0.30
衬裤、短袖衬衫、轻便裤子、薄短裤、鞋	0.50
内裤、衬裤、长裤、连衣裙、鞋、内衣、衬衫、裤、袜、鞋	0.70
内衣、衬衫、裤、袜、鞋	0.7
内裤、衬裤、裤、夹克、袜、鞋	1.00
内裤、长袜、裙、衬衫、马甲、夹克	1.00
内裤、长袜、女上衣、长裙、夹克、鞋	1.10
有长袖及长裤腿的内衣、衬衫、裤、V 形领毛衣、夹克、袜、鞋	1.30
有短袖及短裤腿的内衣、衬衫、裤、马甲、夹克、外衣、袜子、鞋	1.50

7.3.5   计算 *PMV* 指标时,人员服装热阻应考虑建筑类型、建筑人员着装特点、各地居民生活习惯对服装热阻进行取值,对于确定的服装组合,可参考表 7.3.4。对于服装组合不确定的情况,可根据建筑类型和建筑所属气候区,参考表 7.3.5 进行取值。

表 7.3.5   *PMV* 计算时各气候区平均服装热阻参考取值

气候区	季节	建筑类型	服装热阻参考值/clo
严寒	供冷	办公建筑	0.53
		居住建筑	0.32
	供暖	办公建筑	1.05
		居住建筑	0.80
寒冷	供冷	办公建筑	0.53
		居住建筑	0.35
	供暖	办公建筑	1.08
		居住建筑	1.26

气候区	季节	建筑类型	服装热阻参考值/clo
夏热冬冷	供冷	办公建筑	0.43
		居住建筑	0.32
	供暖	办公建筑	0.94
		居住建筑	1.29
夏热冬暖	供冷	办公建筑	0.59
		居住建筑	0.40
	供暖	办公建筑	0.85
		居住建筑	0.85

附录 A   木构件损伤检测的钻入阻抗法

A.1   一般规定

A.1.1   本指南规定了钻入阻抗法结构损伤检测步骤、阻力曲线分析与判别、综合评价。

A.1.2   本规范适用于实木结构损伤检测。

A.1.3   下列文件对本指南的应用是必不可少的:《钻入阻抗法木材缺陷检测技术规程》DB31/T 901。

A.2   检测步骤

A.2.1   前期准备

    1   检测前应先去除木构件表面的装饰层,使木材待测表面外露。

    2   检测人员检测时应佩戴防护眼镜,并使用带触电保护装置的电源开关。

    3   木材阻抗仪保存和使用应注意防潮,避免仪器功能失效及探针生锈。

A.2.2   初步筛查

    1   目测判断其表面是否有腐朽、裂缝或虫蛀。

    2   对有损伤迹象的部位用锥子敲击,初步确定损伤的范围,并拍照记录。

    3   目测注意事项:

        1) 若木材表面完好但出现了凹陷面,则木材内部接近表面处可能发生了腐朽。

        2) 若木材的表面颜色发生明显改变,则该处木材发生腐朽。

        3) 苔藓生长环境通常湿度较高,木材处于该环境时易发生腐朽。

4）若木材表面存在子实体，则木材已发生大面积腐朽。

5）根据木材表面的小洞、洞内蛀屑及木屑判断是否存在昆虫侵害。用小锤敲击时若有明显的空洞声，木构件内部很可能有空隙或严重的腐朽存在。

A.2.3　测点选取

1　对具有裂缝、腐朽、虫蛀等损伤的截面，以及木构件的重要部位(木柱底部、木梁跨中梁柱连接等位置)进行检测。

2　对于横截面较大或不规则的构件，应对选定的横截面进行多路径交叉检测。

3　选点时应注意避开木节，以免损伤仪器。

4　多路径交叉检测注意事项：

1）对矩形和圆形截面木构件，应选择相互垂直且通过截面中心的两个方向进行检测。

2）当木构件截面或者损伤形状显著不规则时，需要适当增加检测路径以更准确地判断构件内部损伤情况，但总检测路径不宜超过 4 条。

A.2.4　检测实施

1　每次使用前，应检查阻抗仪探针的针头表观是否良好，如有损伤或明显变形应及时更换。

2　考虑到阻抗仪的高灵敏性，需要在每次检测前将探针针头多旋出一次去掉探针上黏着的残余木屑，以消除实际检测过程中探头处木屑阻力的影响。

3　检测过程中，应保持仪器的稳定性，保持探针进入木材的角度不变。

4　对于木构件中贴近楼面、地面等不易进行垂直检测部位，可以在木材阻抗仪端部安装 45°钻孔适配器进行斜向检测。

5　探针到达预定深度后应停止操作，在按住反向按钮后才可再启动仪器直至探针完全退出检测构件。

6　对检测获得的每一条阻力曲线需注明构件名称、检测位置和特殊情况。

7　阻抗仪检测完成后,应在测孔处及时灌入木结构专用胶封堵密实。

A.3　阻力曲线分析与判别

单条阻力曲线分析应采用如下三步:木材材质分区、心腐判别和表层腐朽界限判别。

A.3.1　木材材质分区

采用波形判别分区法对检测构件进行材质分区。边材区曲线波动变化不稳定,检测阻力整体较小,其对应的阻力曲线也更密;心材区阻力曲线一般波动较稳定,阻力整体较高,其对应的阻力曲线也相对较宽。边材区、心材区和髓心材区分别命名为 A 区、B 区和 C 区。

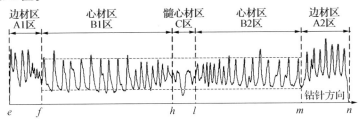

(a) 探针恰好经过髓心点

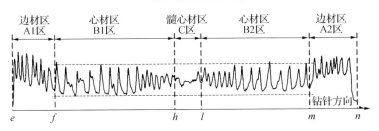

(b) 探针未经过髓心点

图 A.3.1　木材材质的波形判别分区法

A.3.2　心腐判别

心腐判别应采用区域阻力均值判别法。区域阻力均值代表区域内阻力曲线上第一个波峰到最后一个波峰间所有阻力的平均值,如图 A.3.2 所示,计算时由于探针恰好经过髓心点/裂缝/空洞导致的阻力值陡降区段将不纳入髓心材区的阻力均值计算。区域阻力均值 γ 按式(A.3.2)计算,其中,V_0 表示各截面不同检测路径上边材区的区域阻力均值;V_1 表示同一截面同一检测路径上其心材区的区域阻力均值。

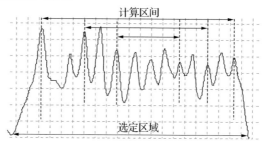

图 A.3.2 区域阻力均值计算示意图

$$\gamma = \frac{V_0 - V_1}{V_0} \times 100\% \qquad (A.3.2)$$

A.3.3 表层腐朽界限判别

表层腐朽界限判别应采用阻抗率推进法。阻抗率 η 是构件可能腐朽区阻力均值与可能健康区阻力均值之比,按式(A.3.3)计算,式中,F_1 为可能腐朽区段的阻力均值,F_0 为可能健康区段的阻力均值。

$$\eta = \frac{F_1}{F_0} \times 100\% \qquad (A.3.3)$$

阻抗率推进过程中阻抗率极小值对应的位置即为得到腐朽/健康分界点。

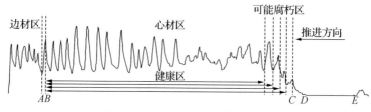

图 A.3.3 阻抗率推进计算示意图

A.4 综合评价

对木构件同一截面不同位置处获得的多条阻力曲线进行综合分析,绘制构件截面损伤模拟图;当被测木构件有多个检测截面时,应分别绘制各截面的木材损伤分布图,并综合评定木构件内部损伤。

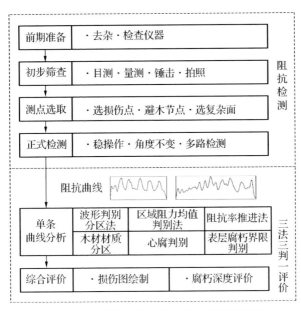

图 A.4 阻抗仪检测木构件损伤步骤流程图

附录 B CLT 墙体-楼板角钢节点
受火后剩余承载力估算方法

B.1 侧向承载力估算方法

按照角钢金属板厚度，可分为三种情况。

B.1.1 对于单剪面的金属薄板（金属板厚度小于或等于 $0.5d_{ef}$），其侧向承载力按式（B.1.1）计算：

$$F_{v,Rk}=\min\begin{cases}f_{h,k}d_{ef}\left[2\sqrt{(t_{ini}-t_{mod})^2+t_{mod}(t_{ini}-t_{mod})+\dfrac{t_{mod}^2}{2}}-2(t_{ini}-t_{mod})-t_{mod}\right]\\[3mm]f_{h,k}d_{ef}\left[\sqrt{(t_{ini}-t_{mod})^2+\dfrac{4M_{y,Rk}}{f_{h,k}d_{ef}}}-(t_{ini}-t_{mod})\right]+\dfrac{F_{ax,Rk}}{4}\end{cases}$$

$$\text{(B.1.1)}$$

式中：t_{ini}——受火前 CLT 厚度和自攻螺钉穿入深度之间的较小值（mm）；

t_{mod}——受火修正后的等效销槽承压长度（mm）；

$f_{h,k}$——常温下的销槽承压强度（MPa）；

d_{ef}——紧固件有效直径（mm）；

$M_{y,Rk}$——紧固件的屈服弯矩（N·mm）；

$F_{ax,Rk}$——紧固件的抗拔承载力（N）。

B.1.2 对于单剪面的金属厚板（金属板厚度等于或大于 d_{ef}），其侧向承载力按式（B.1.2）计算：

$$F_{v,Rk}=\min\begin{cases}f_{h,k}t_{mod}d_{ef}\\[2mm]f_{h,k}d_{ef}\left[2\sqrt{(t_{ini}-t_{mod})^2+t_{mod}(t_{ini}-t_{mod})+\dfrac{t_{mod}^2}{2}+\dfrac{M_{y,Rk}}{f_{h,k}d_{ef}}}\right.\\[2mm]\qquad\qquad\left.-2(t_{ini}-t_{mod})-t_{mod}\right]+\dfrac{F_{ax,Rk}}{4}\\[2mm]f_{h,k}d_{ef}\left[\sqrt{(t_{ini}-t_{mod})^2+\dfrac{4M_{y,Rk}}{f_{h,k}d_{ef}}}-(t_{ini}-t_{mod})\right]+\dfrac{F_{ax,Rk}}{4}\end{cases}$$

$$\text{(B.1.2)}$$

式中符号含义同上。

B.1.3 对于厚度在薄板与厚板之间的单剪面的金属板,其侧向承载力应在薄板与厚板的极限承载力之间,并用线性插值法计算。

B.2 计算参数取值

B.2.1 受火修正后的等效销槽承压长度 t_{mod} 应用受火前的销槽承压长度 t_{ini} 减去炭化层厚度 a_{char} 得到。

B.2.2 对于直径小于或等于 8 mm 的销钉类紧固件,其在木材中的常温下销槽承压强度 $f_{h,k}$,按下式(B.2.2)计算:

$$f_{h,k} = 0.082 \rho_k d_{ef}^{-0.3} \tag{B.2.2}$$

式中:d_{ef}——紧固件有效直径,取螺纹内径的 1.1 倍(mm);

ρ_k——木材的密度(kg/m³)。

B.2.3 受火后的自攻螺钉屈服弯矩 $M_{y,Rk}$ 应按下列方法确定:

1 通过受火时间可以确定受火过程中钢材所经历的最高温度;

2 根据最高温度确定钢材屈服强度的折减系数:一般钢材高温后的屈服强度折减可以参考中国规范《火灾后建筑结构鉴定标准》CECS 252 中的规定;对于不锈钢,高温后的不锈钢屈服强度按照式(B.2.3)进行计算。

$$f_{yT} = \begin{cases} f_y & T \leqslant 500 \ ^\circ\mathrm{C} \\ [1 - 1.75 \times 10^{-4}(T-500) - 2.71 \times 10^{-7}(T-500)^2] f_y & T > 500 \ ^\circ\mathrm{C} \end{cases} \tag{B.2.3}$$

式中:f_y——常温下不锈钢屈服强度(MPa)。

3 用自攻螺钉常温下的屈服弯矩乘上相应折减系数,即为受火后的自攻螺钉屈服弯矩 $M_{y,Rk}$。

B.2.4 自攻螺钉的抗拔承载力 $F_{ax,Rk}$,按式(B.2.4)计算:

$$F_{ax,Rk} = \frac{0.35 d^{0.8} l_{ef}^{0.9} \rho_k^{0.75}}{1.5 \cos^2 \varepsilon + \sin^2 \varepsilon} \tag{B.2.4}$$

式中:d——自攻螺钉的外径(mm);

l_{ef}——自攻螺钉有效钉入长度,取以下两者的较小值:自攻螺

钉螺纹部分长度;修正后的等效销槽承压长度减去钉尖长度（近似为自攻螺钉直径）(mm);

ε——与自攻螺钉钉入位置有关,当自攻螺钉按垂直于CLT板平面的方向钉入CLT数,ε=90°,当自攻螺钉平行于CLT板平面方向钉入CLT数,ε=0°。

B.2.5 对于多个自攻螺钉受剪的CLT节点,认为自攻螺钉有效个数与实际个数相同,整个节点的剩余承载力应用式(B.1.1)所求得的侧向承载力乘以自攻螺钉个数。

B.3 算例

B.3.1 试件信息

1 CLT墙体、楼板的尺寸均为300 mm(长)×300 mm(宽)×125 mm(厚),CLT板的截面组成均为5 mm×25 mm,节点中每块CLT板通过8根自攻螺钉与角钢连接件固定,如图B.3.1所示。

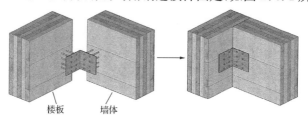

（a）试件组装示意图

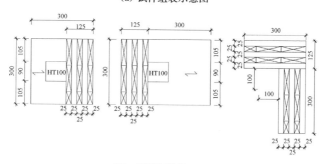

（b）三视图（单位:mm）

图 B.3.1 CLT墙体-楼板角钢节点

2 所用的木材为北美加拿大进口的云杉（spruce）－松木（pine）－冷杉（fir）（简称 SPF），由 CANFOR 公司生产，材质等级为 2 级，SPF 板材经干燥处理后运至浙江宁波中加低碳有限公司加工成 CLT 幅面板。

3 紧固件采用上海美固澄梵紧固件有限公司的 DKM 型自攻螺钉，材质为 304 不锈钢，自攻螺钉长度选用 60 mm，屈服弯矩平均值为 4212N·mm，自攻螺钉螺纹外径为 5 mm，内径为 3.8 mm。

4 CLT 节点采用的角钢连接件为意大利 Rothoblaas 公司的标准产品 HT100，角钢连接件的具体尺寸为 90 mm（宽）×100 mm（长）×100 mm（高），厚度为 3 mm，材质为镀锌高强结构钢（S250GD+Z275）。

5 现对该节点按 ISO834 标准火灾升温曲线进行火灾试验，受火时间为 20 min。

B.3.2 计算过程

1 根据 ISO834 标准火灾升温曲线，受火 20 min 后钢材所经历的最高温度为 781 ℃，按式（5.3.2-4）计算自攻螺钉屈服强度折减系数：

$$\frac{f_{yT}}{f_y} = 1 - 1.75 \times 10^{-4}(T - 500) - 2.71 \times 10^{-7}(T - 500)^2 = 0.93$$

$$M_{y,Rk} = 4\ 212 \times 0.93 \text{ N/mm}^2 = 3\ 917 \text{ N/mm}^2$$

2 计算受火 20 min 后的炭化深度（按《木材建筑国家设计规范》NDS-2018 推荐的方法计算）：

$$\alpha_{char} = \beta_t t = 2.15\beta_n t^{0.813} = 2.15 \times 0.635 \times 20^{0.813} \text{ mm} = 15.6 \text{ mm}$$

3 角钢连接件厚度为 3 mm，自攻螺钉长度 60 mm，则：

$$t_{ini} = 60 - 3 \text{ mm} = 57 \text{ mm}$$

$$t_{mod} = 57 - 15.6 \text{ mm} = 41.4 \text{ mm}$$

根据螺纹内径 3.8 mm 得到自攻螺钉有效直径：

$$d_{ef} = 3.8 \times 1.1 \text{ mm} = 4.18 \text{ mm}$$

有效钉入长度：

$$l_{ef}=t_{mod}-d=41.4-5 \text{ mm}=36.4 \text{ mm}$$

4   将 $d=5 \text{ mm}, l_{ef}=36.4 \text{ mm}, \rho_k=436 \text{ kg/m}^3, \varepsilon=90°$，代入式(B.2.4)得：

$$F_{ax,Rk}=3\ 075 \text{ N}$$

5   由于自攻螺钉直径小于 8 mm，销槽承压强度按式(B.2.2)计算：

$$f_{h,k}=0.082\rho_k d_{ef}^{-0.3}=0.082\times436\times4.18^{-0.3} \text{ MPa}=23.28 \text{ MPa}$$

6   由于角钢厚度为 3 mm，介于 $0.5d_{ef}\sim d_{ef}$ 之间，故其剩余承载力用线性插值法计算。

对于 2.09 mm($0.5d_{ef}$)厚的金属薄板，其剩余侧向承载力按照式(B.1.1)计算，得到 $F_{v,Rk}=466$ N。

对于 4.18 mm(d_{ef})厚的金属厚板，其剩余侧向承载力按式(B.1.2)计算，得到 $F_{v,Rk}=878$ N。

因此对于 3 mm 厚的金属板，其侧向承载力为：

$$F_{v,Rk}=466+\frac{878-466}{4.18-2.09}\times(3-2.09) \text{ N}=645 \text{ N}$$

CLT 墙体-楼板角钢节点共有 2 行，每行 4 个自攻螺钉，则整个节点剩余承载力为：

$$R_f=F_{v,Rk,sum}=645\times8 \text{ N}=5\ 160 \text{ N}。$$

附录 C 木构件干缩开裂预测和室内腐朽预测环境指数

城市/区/县	室内腐朽 Y₀/年	μ₁	δ₁	干缩开裂 μ△w/%	δw
安徽					
砀山	9.5	0.021	0.623	6.86	0.146
亳州	9.9	0.017	0.511	6.83	0.140
蒙城	9.0	0.023	0.429	6.68	0.154
宿州	9.8	0.018	0.514	6.57	0.148
阜阳	8.5	0.028	0.664	6.99	0.160
寿县	7.9	0.031	0.456	6.34	0.143
蚌埠	9.2	0.019	0.459	6.37	0.152
定远	8.3	0.028	0.465	6.24	0.168
滁州	8.2	0.027	0.464	6.34	0.174
六安	8.0	0.030	0.475	6.89	0.185

城市/区/县	室内腐朽 Y₀/年	μ₁	δ₁	干缩开裂 μ△w/%	δw
霍山	7.1	0.040	0.401	6.64	0.176
桐城	7.8	0.030	0.471	6.06	0.180
合肥	8.1	0.026	0.467	6.12	0.216
巢湖	8.0	0.025	0.442	6.08	0.179
东至	7.1	0.030	0.406	5.71	0.142
安庆	7.8	0.025	0.487	5.93	0.187
宁国	7.3	0.036	0.380	5.88	0.148
黄山	7.2	0.035	0.237	12.81	0.126
祁门	6.6	0.043	0.411	5.28	0.216
屯溪	7.1	0.032	0.423	5.30	0.164

城市/区/县	室内腐朽 Y₀/年	μl	δl	干缩开裂 μΔw/%	δw	城市/区/县	室内腐朽 Y₀/年	μl	δl	干缩开裂 μΔw/%	δw
北京						北京	15.4	0.007	0.801	6.86	0.182
密云	14.7	0.008	0.510	6.66	0.119						
重庆						江津	6.4	0.033	0.412	5.16	0.153
奉节	9.5	0.015	0.663	5.20	0.163	酉阳	7.9	0.020	0.433	4.55	0.186
梁平	7.0	0.029	0.347	8.65	0.110						
大足	6.2	0.040	0.363	5.73	0.208						
福建						上杭	6.5	0.029	0.382	5.73	0.168
邵武	6.3	0.035	0.364	4.83	0.171	永安	6.4	0.029	0.454	5.17	0.187
武夷山	6.8	0.032	0.303	5.38	0.154	龙岩	6.9	0.022	0.435	5.23	0.151
浦城	6.7	0.034	0.455	5.24	0.147	九仙山	4.8	0.061	0.184	11.95	0.131
建阳	5.9	0.041	0.265	5.4	0.167	仙游	6.2	0.034	0.385	5.36	0.176
建瓯	6.1	0.037	0.388	5.42	0.171	平潭	5.5	0.048	0.445	5.91	0.164
寿宁	6.4	0.042	0.26	6.93	0.165	漳州	6.1	0.033	0.394	5.44	0.206
宁化	6.1	0.042	0.285	5.80	0.163	崇武	5.2	0.080	0.345	7.02	0.160
泰宁	5.8	0.047	0.332	6.03	0.165	厦门	5.8	0.043	0.344	6.42	0.129
南平	6.8	0.024	0.444	4.88	0.188						

续表

城市/区/县	室内腐朽 Y_0/年	μ_I	δ_I	干缩开裂 $\mu_{\Delta w}$/%	δ_w
尤溪	5.7	0.040	0.304	4.17	0.180
福州	6.7	0.027	0.385	5.78	0.229
甘肃					
马鬃山	83.3	0	0	5.28	0.171
敦煌	48.5	0	0	5.10	0.185
瓜州	54.1	0	0	5.59	0.174
玉门镇	54.2	0	0	5.67	0.172
鼎新	44.6	0	0	4.68	0.227
金塔	46.2	0	0	5.26	0.213
酒泉	42.2	0	0	5.49	0.180
高台	32.7	0	0	5.34	0.187
张掖	34.7	0	0	5.32	0.202
山丹	43.0	0	0	5.58	0.211
武威	32.3	0	0	5.58	0.229
民勤	40.6	0	0	5.49	0.230
乌鞘岭	46.1	0.001	0.675	7.88	0.231
东山	5.2	0.066	0.393	6.40	0.154
景泰	34.4	0	0	5.70	0.215
皋兰	26.8	0	0	6.19	0.181
靖远	23.9	0	0	5.39	0.161
榆中	23.6	0.001	0.717	5.94	0.177
临夏	19.6	0.002	0.520	6.31	0.175
临洮	19.4	0.002	0.702	5.54	0.212
华家岭	19.2	0.004	0.375	9.82	0.188
环县	20.2	0.003	0.645	7.53	0.210
平凉	16.7	0.005	0.438	7.39	0.187
西峰	16.8	0.006	0.496	8.75	0.192
合作	31.3	0	0.681	6.19	0.131
岷县	21.5	0.001	0.725	4.97	0.225

城市/区/县	室内腐朽			干缩开裂	
	Y_0/年	μ_I	δ_I	$\mu_{\Delta w}$/%	δ_w
广东					
南雄	6.6	0.030	0.430	6.04	0.153
连州	6.2	0.035	0.355	5.12	0.149
韶关	6.5	0.029	0.431	5.77	0.158
佛冈	5.8	0.042	0.461	6.34	0.140
梅县	6.2	0.027	0.389	5.11	0.168
广宁	5.5	0.043	0.363	4.70	0.169
高要	5.6	0.041	0.523	6.00	0.156
清远	5.7	0.044	0.348	6.56	0.131
广州	5.6	0.046	0.440	6.88	0.195
河源	6.1	0.036	0.373	6.28	0.156
惠阳	5.7	0.041	0.351	6.23	0.158
五华	6.3	0.029	0.338	5.59	0.174
紫金	5.6	0.043	0.357	5.05	0.180
汕头	5.4	0.044	0.420	4.98	0.152
广西					

城市/区/县	室内腐朽			干缩开裂	
	Y_0/年	μ_I	δ_I	$\mu_{\Delta w}$/%	δ_w
惠来	5.2	0.061	0.393	6.27	0.177
南澳	5.3	0.067	0.467	6.53	0.203
信宜	5.6	0.038	0.447	5.92	0.149
罗定	5.5	0.035	0.548	5.04	0.204
台山	5.2	0.055	0.301	6.91	0.174
中山	5.2	0.046	0.416	5.58	0.180
深圳	5.8	0.033	0.600	6.12	0.195
汕尾	5.3	0.052	0.303	6.70	0.149
湛江	4.6	0.073	0.437	6.88	0.161
阳江	4.8	0.077	0.362	7.42	0.172
电白	4.7	0.066	0.346	6.25	0.168
上川岛	4.7	0.068	0.384	7.11	0.160
徐闻	4.6	0.061	0.311	5.16	0.236

城市/区/县	室内腐朽 Y₀/年	μl	δl	干缩开裂 μΔw/%	δw	城市/区/县	室内腐朽 Y₀/年	μl	δl	干缩开裂 μΔw/%	δw
桂林	7.0	0.030	0.349	6.05	0.176	桂平	5.5	0.047	0.328	6.31	0.160
河池	6.3	0.032	0.551	5.39	0.188	梧州	5.6	0.046	0.379	6.28	0.155
都安	6.2	0.034	0.338	6.30	0.151	龙州	5.4	0.040	0.362	4.93	0.164
柳州	7.0	0.020	0.486	5.57	0.155	南宁	5.6	0.032	0.405	5.20	0.198
蒙山	5.9	0.040	0.426	5.48	0.161	灵山	5.5	0.036	0.490	5.60	0.185
贺州	6.7	0.023	0.464	5.28	0.141	玉林	5.5	0.040	0.446	6.08	0.151
那坡	6.5	0.022	0.411	4.22	0.196	东兴	4.6	0.084	0.403	6.72	0.123
百色	6.3	0.023	0.457	4.62	0.181	钦州	5.0	0.060	0.332	6.59	0.156
靖西	6.2	0.030	0.449	5.25	0.167	北海	5.0	0.048	0.495	6.28	0.166
平果	5.7	0.034	0.453	4.78	0.175	涠洲岛	4.7	0.060	0.419	7.16	0.190
来宾	6.3	0.028	0.365	5.73	0.157						
贵州											
威宁	10.8	0.007	0.343	8.26	0.167	贵阳	8.7	0.011	0.795	5.42	0.265
水城	8.8	0.012	0.388	7.49	0.177	凯里	7.9	0.020	0.440	5.48	0.164
盘县	8.9	0.011	0.330	7.54	0.191	都匀	7.4	0.024	0.628	5.62	0.264
桐梓	8.5	0.014	0.420	4.76	0.170	三穗	7.0	0.031	0.361	5.63	0.214

城市/区/县	室内腐朽 Y0/年	μl	δl	干缩开裂 μΔw/%	δw
习水	7.6	0.023	0.350	5.60	0.169
松桃	7.2	0.027	0.320	5.01	0.153
毕节	8.9	0.013	0.526	6.00	0.150
息烽	7.5	0.023	0.383	6.84	0.197
湄潭	7.6	0.022	0.405	5.20	0.161
思南	8.0	0.015	0.538	4.87	0.175
铜仁	7.7	0.020	0.495	4.72	0.155
黔西	8.3	0.015	0.473	6.08	0.197
安顺	8.4	0.014	0.438	6.34	0.135
海南					
海口	4.4	0.067	0.363	5.63	0.252
河北					
张北	28.1	0.002	0.726	6.47	0.132
蔚县	24.0	0.001	0.959	5.96	0.177
石家庄	14.1	0.008	0.638	7.24	0.180
邢台	13.9	0.007	0.645	7.17	0.179

城市/区/县	室内腐朽 Y0/年	μl	δl	干缩开裂 μΔw/%	δw
黎平	6.6	0.034	0.330	6.64	0.203
兴仁	7.5	0.020	0.541	7.22	0.218
兴义	6.9	0.030	0.441	8.14	0.232
惠水	7.4	0.021	0.454	4.63	0.153
罗甸	6.9	0.022	0.448	4.71	0.160
独山	6.7	0.036	0.364	6.94	0.174
荔波	6.6	0.029	0.489	4.62	0.183
榕江	6.3	0.034	0.330	4.57	0.170
东方	5.3	0.022	0.610	4.34	0.253
青龙	16.0	0.007	0.493	6.47	0.129
秦皇岛	12.7	0.016	0.734	6.71	0.159
霸州	14.1	0.010	0.641	6.73	0.161
唐山	14.2	0.008	0.746	6.06	0.142

城市/区/县	室内腐朽 Y$_0$/年	μ$_I$	δ$_I$	干缩开裂 μ$_{\Delta w}$/%	δ$_w$	城市/区/县	室内腐朽 Y$_0$/年	μ$_I$	δ$_I$	干缩开裂 μ$_{\Delta w}$/%	δ$_w$
丰宁	21.3	0.003	0.956	6.42	0.122	乐亭	12.6	0.013	0.550	6.18	0.142
围场	23.7	0.002	1.245	5.93	0.136	保定	13.8	0.008	0.742	6.67	0.160
张家口	26.1	0.001	1.466	5.60	0.168	饶阳	13.0	0.011	0.610	7.18	0.145
怀来	21.9	0.001	0.896	5.86	0.137	黄骅	13.7	0.008	0.606	6.43	0.134
承德	19.1	0.004	0.942	6.26	0.143	南宫	12.8	0.011	0.558	7.46	0.173
遵化	15.4	0.007	0.695	6.48	0.136						
河南											
安阳	12.2	0.011	0.539	7.09	0.171	南阳	9.7	0.015	0.544	6.56	0.181
新乡	11.5	0.009	0.564	6.69	0.166	宝丰	10.6	0.015	0.520	7.47	0.153
三门峡	13.8	0.007	0.808	6.68	0.154	西华	9.5	0.019	0.504	7.02	0.137
卢氏	11.5	0.011	0.615	6.73	0.163	桐柏	9.0	0.022	0.480	6.68	0.152
栾川	12.1	0.011	0.475	7.08	0.189	驻马店	9.2	0.023	0.502	7.45	0.144
郑州	11.9	0.010	0.569	6.99	0.165	信阳	8.6	0.024	0.476	6.88	0.143
许昌	10.2	0.015	0.529	7.21	0.133	商丘	9.5	0.021	0.552	7.08	0.154
开封	11.3	0.011	0.642	6.94	0.164	永城	9.6	0.020	0.483	6.97	0.149
西峡	10.1	0.015	0.519	7.54	0.139	固始	8.0	0.030	0.438	6.76	0.153

城市/区/县	室内腐朽			干缩开裂	
	Y_0/年	μ_1	δ_1	$\mu_{\Delta w}$/%	δ_w
黑龙江					
呼玛	22.3	0.004	1.003	6.24	0.145
嫩江	21.1	0.006	1.099	6.81	0.179
孙吴	19.0	0.007	0.627	6.67	0.162
克山	21.1	0.005	1.094	6.60	0.184
龙江	22.6	0.006	1.266	7.08	0.181
富裕	20.6	0.006	0.925	6.49	0.179
齐齐哈尔	21.6	0.004	1.510	6.33	0.165
海伦	19.0	0.008	0.697	6.77	0.161
明水	20.9	0.006	0.946	6.80	0.162
伊春	18.6	0.006	0.824	6.17	0.142
富锦	17.5	0.008	0.658	6.02	0.160
泰来	22.4	0.004	0.720	6.42	0.148
绥化	18.9	0.007	0.645	6.91	0.149
湖北					
郧西	9.3	0.017	0.491	6.23	0.173

城市/区/县	室内腐朽			干缩开裂	
	Y_0/年	μ_1	δ_1	$\mu_{\Delta w}$/%	δ_w
安达	21.0	0.005	0.654	6.49	0.151
铁力	18.4	0.007	0.780	5.95	0.179
佳木斯	18.2	0.007	0.746	6.50	0.165
宝清	18.5	0.006	0.540	6.55	0.161
哈尔滨	19.3	0.005	0.552	6.61	0.150
双城	19.2	0.005	0.584	6.67	0.132
通河	16.1	0.009	0.682	5.97	0.157
尚志	15.9	0.010	0.533	6.08	0.146
鸡西	18.7	0.006	0.765	6.52	0.166
虎林	16.3	0.009	0.667	5.82	0.169
牡丹江	19.3	0.003	0.674	5.59	0.150
绥芬河	16.9	0.010	0.576	7.53	0.187
孝感	7.4	0.026	0.420	5.48	0.166

城市/区/县	室内腐朽			干缩开裂		城市/区/县	室内腐朽			干缩开裂	
	Y_0/年	μI	δ_I	$\mu_{\Delta\alpha w}$/%	δ_w		Y_0/年	μI	δ_I	$\mu_{\Delta\alpha w}$/%	δ_w
房县	9.3	0.014	0.526	5.18	0.181	天门	7.7	0.024	0.459	5.59	0.155
老河口	8.7	0.018	0.526	6.21	0.173	武汉	7.7	0.023	0.504	5.71	0.179
枣阳	9.2	0.018	0.531	6.73	0.147	来凤	7.0	0.028	0.424	4.40	0.213
巴东	9.3	0.015	0.472	4.90	0.196	监利	6.7	0.035	0.377	5.99	0.151
兴山	8.7	0.018	0.478	5.24	0.164	洪湖	7.0	0.030	0.378	6.09	0.136
钟祥	7.9	0.025	0.437	6.26	0.177	嘉鱼	7.3	0.027	0.429	6.10	0.139
随州	8.1	0.025	0.434	6.14	0.143	通山	7.4	0.029	0.396	5.39	0.157
恩施	7.1	0.028	0.332	5.54	0.171	英山	8.0	0.023	0.523	5.00	0.202
五峰	8.6	0.024	0.409	5.91	0.205	黄石	7.6	0.024	0.434	5.65	0.154
宜昌	7.8	0.026	0.487	5.79	0.175	阳新	7.3	0.029	0.524	5.90	0.156
荆州	7.4	0.024	0.463	5.23	0.175						
湖南											
桑植	7.4	0.028	0.483	5.19	0.207	邵阳	7.4	0.025	0.592	6.10	0.196
岳阳	7.3	0.028	0.521	6.46	0.154	双峰	7.2	0.026	0.489	5.74	0.143
吉首	7.0	0.028	0.434	4.83	0.160	南岳	5.7	0.063	0.229	12.29	0.131
沅陵	7.6	0.022	0.473	4.87	0.157	株洲	7.2	0.029	0.540	6.70	0.169

城市/区/县	室内腐朽			干缩开裂		城市/区/县	室内腐朽			干缩开裂	
	Y_0/年	μ_1	δ_1	$\mu_{\Delta w}$/%	δ_w		Y_0/年	μ_1	δ_1	$\mu_{\Delta w}$/%	δ_w
安化	6.7	0.037	0.412	5.34	0.165	通道	6.6	0.032	0.483	5.32	0.206
沅江	7.0	0.031	0.494	5.76	0.162	武冈	6.9	0.033	0.402	6.28	0.164
湘阴	6.6	0.038	0.394	6.87	0.138	城步	7.2	0.028	0.474	5.94	0.174
马坡岭	6.6	0.036	0.370	6.58	0.141	永州	7.0	0.031	0.524	7.17	0.174
平江	6.8	0.033	0.55	5.38	0.158	衡阳	7.5	0.022	0.488	6.81	0.172
芷江	7.2	0.027	0.689	4.92	0.187	桂东	6.7	0.032	0.357	5.06	0.180
洞口	6.7	0.034	0.364	6.13	0.160	郴州	7.2	0.027	0.593	7.12	0.202
新化	7.4	0.026	0.428	5.49	0.179						
吉林											
白城	22.0	0.005	0.712	6.66	0.144	辽源	16.4	0.007	0.662	6.16	0.135
乾安	20.7	0.005	0.593	6.46	0.135	磐石	16.7	0.007	0.682	6.02	0.138
前郭尔罗斯	19.7	0.004	0.679	6.21	0.148	梅河口	16.5	0.007	0.556	6.14	0.166
通榆	21.5	0.004	0.887	6.41	0.153	靖宇	16.6	0.008	0.517	5.90	0.135
长岭	19.8	0.005	0.728	6.51	0.141	东岗	18.8	0.005	0.762	5.97	0.154
扶余	18.5	0.007	0.605	6.89	0.132	二道	16.5	0.009	0.643	6.16	0.166
农安	18.4	0.006	0.566	6.70	0.133	和龙	17.6	0.008	0.504	6.88	0.15

城市/区/县	室内腐朽 Y₀/年	μ1	δ1	干缩开裂 μΔw/%	δw
双辽	17.2	0.008	0.663	6.59	0.125
四平	17.0	0.007	0.693	6.49	0.138
长春	18.7	0.006	0.700	6.58	0.150
蛟河	16.3	0.008	0.664	6.06	0.158
敦化	18.1	0.006	0.541	6.13	0.138
汪清	17.1	0.005	0.550	5.94	0.118
江苏					
邳州	9.0	0.023	0.460	6.26	0.169
沭阳	8.5	0.028	0.491	6.04	0.145
赣榆	9.0	0.026	0.393	6.31	0.157
灌云	8.8	0.026	0.398	6.12	0.156
睢宁	8.8	0.023	0.455	6.04	0.130
泗洪	8.6	0.026	0.393	6.32	0.176
盱眙	8.2	0.029	0.373	6.28	0.143
射阳	8.0	0.03	0.385	5.31	0.169
大丰	7.4	0.038	0.442	5.19	0.181

城市/区/县	室内腐朽 Y₀/年	μ1	δ1	干缩开裂 μΔw/%	δw
延吉	16.9	0.005	0.636	6.15	0.129
通化	16.9	0.005	0.611	5.55	0.131
临江	16.0	0.007	0.751	5.50	0.161
集安	13.8	0.012	0.638	5.93	0.161
长白	19.0	0.005	0.569	5.99	0.184
南京	8.4	0.022	0.445	5.36	0.226
东台	7.5	0.035	0.378	5.40	0.174
如皋	7.3	0.036	0.413	5.22	0.157
南通	7.2	0.035	0.389	5.47	0.166
吕泗	6.9	0.043	0.382	5.34	0.152
常州	7.8	0.027	0.376	5.43	0.181
溧阳	7.0	0.039	0.45	5.83	0.170
无锡	7.5	0.03	0.504	5.44	0.147
东山	7.2	0.032	0.366	5.82	0.182

城市/区/县	Y₀/年	室内腐朽		干缩开裂		城市/区/县	Y₀/年	室内腐朽		干缩开裂	
	Y_0/年	μ_I	δ_I	$\mu_{\Delta w}$/%	δ_w		Y_0/年	μ_I	δ_I	$\mu_{\Delta w}$/%	δ_w
江西											
修水	6.9	0.036	0.538	5.43	0.171	樟树	6.8	0.033	0.453	6.08	0.169
莲花	6.5	0.034	0.407	5.68	0.180	德兴	6.4	0.041	0.321	5.81	0.228
宜春	6.4	0.042	0.326	6.83	0.176	贵溪	7.2	0.030	0.346	6.36	0.136
吉安	6.6	0.035	0.371	6.72	0.152	玉山	6.9	0.036	0.449	6.19	0.194
遂川	6.7	0.034	0.405	6.41	0.176	上饶	6.8	0.037	0.395	6.43	0.162
赣州	7.4	0.018	0.535	5.70	0.177	南城	6.5	0.036	0.340	6.23	0.142
庐山	7.4	0.039	0.333	10.48	0.163	南丰	6.6	0.034	0.360	6.31	0.153
武宁	7.0	0.033	0.340	5.34	0.153	宁都	6.8	0.028	0.415	6.07	1.150
波阳	7.1	0.030	0.427	6.40	0.161	广昌	6.4	0.036	0.385	6.15	0.179
景德镇	7.2	0.030	0.403	5.95	0.178	龙南	6.1	0.034	0.489	5.63	0.203
靖安	6.8	0.039	0.367	6.33	0.192	寻乌	6.1	0.040	0.478	6.03	0.169
南昌	7.3	0.030	0.424	6.43	0.179						
辽宁											
彰武	16.3	0.009	0.712	6.63	0.150	桓仁	15.2	0.008	0.883	5.92	0.121
阜新	17.8	0.006	0.892	6.44	0.166	绥中	12.9	0.021	0.558	7.19	0.158

城市/区/县	室内腐朽			干缩开裂	
	Y_0/年	μ_l	δ_l	$\mu_{\Delta w}$/%	δ_w
清原	15.8	0.007	0.677	5.62	0.141
朝阳	19.5	0.004	1.047	6.64	0.150
建平	21.4	0.003	0.829	6.06	0.151
义县	15.2	0.014	0.792	7.45	0.166
黑山	14.0	0.016	0.619	7.22	0.561
锦州	15.9	0.010	0.543	6.65	0.151
鞍山	17.6	0.005	0.900	5.71	0.154
沈阳	15.8	0.007	0.888	5.99	0.169
本溪	16.9	0.005	0.809	5.74	0.129
本溪县	16.0	0.006	0.841	5.64	0.136
抚顺	14.8	0.010	0.588	6.18	0.125
内蒙古					
额尔古纳	28.9	0.001	2.421	5.98	0.153
图里河	25.3	0.003	1.123	6.43	0.140
满洲里	31.9	0.002	2.736	6.63	0.172
海拉尔	29.6	0.001	2.531	6.23	0.167

城市/区/县	室内腐朽			干缩开裂	
	Y_0/年	μ_l	δ_l	$\mu_{\Delta w}$/%	δ_w
兴城	12.3	0.025	0.717	7.36	0.176
大连	13.4	0.012	0.835	5.81	0.176
营口	14.3	0.007	0.785	5.13	0.185
海城	15.0	0.008	0.689	6.09	0.144
熊岳	13.9	0.01	0.747	6.09	0.152
岫岩	11.9	0.024	0.378	6.92	0.142
宽甸	13.0	0.019	0.625	6.56	0.148
丹东	10.2	0.04	0.374	8.34	0.174
瓦房店	12.6	0.02	0.551	6.84	0.172
庄河	10.5	0.037	0.400	7.87	0.168
大连	11.3	0.03	0.512	7.48	0.180
化德	35.0	0.001	0.736	6.38	0.139
包头	31.0	0.001	1.039	5.75	0.170
呼和浩特	30.2	0.001	1.153	5.81	0.195
集宁	33.3	0.001	1.027	6.14	0.152

城市/区/县	Y_0/年	室内腐朽 μ_I	δ_I	干缩开裂 $\mu_{\Delta w}$/%	δ_w	城市/区/县	Y_0/年	室内腐朽 μ_I	δ_I	干缩开裂 $\mu_{\Delta w}$/%	δ_w
小二沟	21.0	0.005	1.004	6.55	0.145	吉兰太	46.5	0	0	5.18	0.240
新巴尔虎	32.8	0.001	3.243	6.22	0.170	临河	34.4	0	0	5.45	0.172
博克图	24.9	0.004	1.475	6.37	0.191	鄂托克	34.6	0.001	1.273	6.02	0.189
扎兰屯	24.2	0.003	1.712	6.37	0.175	东胜	33.1	0.001	0.987	6.37	0.201
阿尔山	28.2	0.002	2.124	6.01	0.166	阿拉善	46.3	0	0	5.40	0.209
索伦	25.4	0.003	0.753	6.58	0.140	西乌珠穆沁	33.1	0.001	1.643	5.87	0.155
乌兰浩特	26.1	0.002	0.973	6.26	0.157	扎鲁特	26.5	0.002	1.017	6.01	0.199
东乌珠穆沁	37.2	0	0	6.14	0.130	巴林	26.3	0.002	0.934	6.27	0.181
巴彦淖尔	60.4	0	0	5.56	0.187	锡林浩特	36.7	0	0	6.14	0.117
二连浩特	52.1	0	0	6.91	0.151	林西	29.5	0.002	0.939	6.07	0.173
那仁宝力格	44.8	0	0	6.91	0.138	开鲁	23.6	0.003	0.800	5.96	0.139
满都拉	52.8	0	0	6.09	0.129	通辽	21.2	0.004	0.724	6.22	0.139
阿巴嘎	41.9	0	0	6.70	0.139	多伦	28.5	0.001	1.150	5.89	0.131
苏尼特	47.3	0	0	6.93	0.138	翁牛特	27.7	0.002	0.940	6.04	0.165
朱日和	46.7	0	0	6.07	0.128	赤峰	27.1	0.001	1.062	5.68	0.183
乌拉特	43.5	0	0	5.89	0.144	宝国吐	22.0	0.004	0.736	6.75	0.150

续表

城市/区/县	室内腐朽			干缩开裂	
	Y_0/年	μ_1	δ_1	$\mu_{\Delta w}$/%	δ_w
达尔罕	44.3				0.164
宁夏					
惠农	30.3	0	0	5.80	0.201
银川	24.2	0.001	1.162	5.23	0.193
中宁	24.9	0.001	1.037	5.88	0.194
盐池	28.4	0.001	1.720	5.75	0.202
青海				6.42	
冷湖	132.5	0	0	3.58	0.230
托勒	69.1	0	0	4.92	0.170
祁连	46.8	0	0	4.94	0.155
大柴旦	100.6	0	0	4.23	0.262
德令哈	67.8	0	0	4.68	0.191
刚察	53.2	0	0	5.64	0.131
门源	37.8	0	0	5.79	0.144
格尔木	94.6	0	0	4.04	0.216
诺木洪	76.7	0	0	4.19	0.208

城市/区/县	室内腐朽			干缩开裂	
	Y_0/年	μ_1	δ_1	$\mu_{\Delta w}$/%	δ_w
海原	28.6	0.001	0.774	7.04	0.216
同心	26.6	0.001	0.872	6.13	0.209
固原	22.4	0.002	0.624	7.17	0.181
西吉	22.6	0.001	0.784	6.13	0.192
西宁	30.3	0	0	5.31	0.157
贵德	31.4	0	0	4.95	0.157
民和	25.1	0.001	0.858	6.02	0.170
五道梁	112.2	0	0	6.44	0.143
贵南	39.6	0	0	6.50	0.138
同仁	29.7	0	0	6.30	0.133
杂多	51.6	0	0	5.70	0.124
玉树	41.1	0	0	5.40	0.125
玛多	86.5	0	0	5.37	0.153

城市/区/县	室内腐朽 Y₀/年	μ₁	δ₁	干缩开裂 μ_{Δw}/%	δ_w
都兰	70.5	0	0	4.82	0.183
共和	40.4	0	0	5.74	0.155
山东					
惠民	12.2	0.013	0.545	6.86	0.142
章丘	13.3	0.011	0.750	6.79	0.177
龙口	12.4	0.011	0.626	5.44	0.160
成山头	7.8	0.064	0.274	9.91	0.172
莘县	10.9	0.015	0.609	7.07	0.158
济南	14.5	0.009	0.677	7.06	0.183
泰山	12.6	0.023	0.317	10.99	0.198
山西					
右玉	26.5	0.002	0.654	6.49	0.146
大同	27.0	0.001	0.801	6.02	0.158
天镇	25.6	0.002	0.715	6.45	0.150
河曲	22.8	0.002	0.855	6.26	0.180
朔州	25.0	0.002	0.745	6.51	0.175
清水河	76.2	0	0	5.71	0.155
达日	53.2	0	0	5.16	0.155
沂源	13.5	0.009	0.576	6.48	0.150
平度	11.2	0.017	0.476	6.00	0.132
潍坊	12.1	0.013	0.589	6.43	0.154
兖州	10.9	0.015	0.568	6.53	0.151
莒县	10.4	0.021	0.486	6.41	0.152
日照	8.9	0.038	0.378	7.84	0.162
郯城	9.5	0.020	0.359	6.15	0.135
榆社	19.1	0.003	0.571	7.08	0.171
隰县	19.9	0.003	0.750	7.03	0.190
吉县	16.5	0.006	0.572	7.56	0.210
介休	16.7	0.005	0.687	7.35	0.197
临汾	15.4	0.004	0.679	6.41	0.165

城市/区/县	室内腐朽			干缩开裂		城市/区/县	室内腐朽			干缩开裂	
	Y_0/年	μ_1	δ_1	$\mu_{\Delta w}$/%	δ_w		Y_0/年	μ_1	δ_1	$\mu_{\Delta w}$/%	δ_w
五台山	29.8	0.003	0.625	8.63	0.188	安泽	15.1	0.006	0.557	6.66	0.166
灵丘	20.0	0.003	0.586	6.59	0.128	襄垣	16.2	0.005	0.755	6.86	0.164
五寨	25.8	0.002	0.802	6.45	0.163	盐湖	14.9	0.006	0.707	6.44	0.168
兴县	24.4	0.002	0.996	6.32	0.170	侯马	13.9	0.007	0.559	6.98	0.138
原平	21.7	0.003	0.927	6.64	0.191	垣曲	13.3	0.011	0.496	8.24	0.148
太原	18.0	0.003	0.802	6.64	0.201	阳城	15.0	0.006	0.613	6.69	0.166
陕西											
榆林	23.9	0.002	0.918	6.41	0.197	太白	14.4	0.007	0.763	6.98	0.208
神木	23.7	0.002	0.942	6.42	0.167	武功	10.6	0.014	0.621	7.56	0.202
定边	26.1	0.002	0.863	6.64	0.190	华山	18.1	0.006	1.112	8.48	0.182
横山	24.7	0.002	0.966	6.73	0.195	留坝	10.5	0.016	0.414	6.89	0.192
绥德	19.8	0.004	0.525	7.57	0.179	佛坪	10.5	0.016	0.571	7.46	0.175
延安	17.6	0.004	0.540	6.94	0.170	商县	12.5	0.009	0.561	7.15	0.167
长武	13.9	0.009	0.545	8.34	0.173	宁强	8.6	0.024	0.562	6.30	0.171
洛川	15.3	0.008	0.529	8.67	0.177	安康	9.1	0.015	0.456	5.79	0.176

城市/区/县	室内腐朽			干缩开裂		城市/区/县	室内腐朽			干缩开裂	
	Y_0/年	μ_I	δ_I	$\mu_{\Delta w}$/%	δ_w		Y_0/年	μ_I	δ_I	$\mu_{\Delta w}$/%	δ_w
韩城	14.9	0.007	0.520	7.08	0.150						
四川											
若尔盖	35.3	0	0	5.6	0.144	越西	10.8	0.005	0.482	5.11	0.206
德格	28.0	0	0	6.77	0.119	昭觉	11.6	0.005	0.527	6.37	0.174
甘孜	31.6	0	0	5.57	0.142	雷波	8.3	0.021	0.451	6.47	0.293
道孚	25.2	0	0	5.14	0.164	宜宾	6.7	0.026	0.406	5.62	0.236
马尔康	19.7	0.001	1.430	6.46	0.119	盐源	15.4	0.002	0.849	7.63	0.108
小金	23.7	0	0	4.76	0.181	西昌	12.3	0.005	0.581	7.36	0.144
松潘	25.6	0	0	4.68	0.164	会理	10.7	0.006	0.739	6.39	0.150
都江堰	7.7	0.025	0.568	5.74	0.238	万源	10.0	0.011	0.468	4.76	0.186
绵阳	8.2	0.015	0.542	5.09	0.197	阆中	7.8	0.019	0.562	5.69	0.157
雅安	7.6	0.023	0.370	5.21	0.199	巴中	7.8	0.016	0.450	5.33	0.177
康定	16.9	0.002	0.677	6.06	0.165	遂宁	6.8	0.026	0.380	5.80	0.190
峨眉山	13.1	0.008	0.224	10.42	0.174	南充	7.1	0.025	0.573	6.27	0.208

城市/区/县	室内腐朽			干缩开裂		城市/区/县	室内腐朽			干缩开裂	
	Y_0/年	μ_1	δ_1	$\mu_{\Delta w}$/%	δ_w		Y_0/年	μ_1	δ_1	$\mu_{\Delta w}$/%	δ_w
乐山	7.0	0.029	0.370	5.55	0.168	叙永	6.7	0.029	0.672	5.89	0.195
九龙	18.6	0.001	0.839	7.00	0.106						
天津											
天津	14.2	0.006	1.11	5.96	0.174	塘沽	13.6	0.006	0.720	5.56	0.158
西藏											
那曲	57.8	0	0	6.95	0.150	帕里	41.6	0	0	6.79	0.114
日喀则	37.5	0	0	7.09	0.134	索县	43.7	0	0	6.46	0.133
江孜	41.6	0	0	6.93	0.159	昌都	31.3	0	0	5.59	0.133
新疆						十三间房	79.6	0	0	5.53	0.217
哈巴河	35.5	0	0	6.24	0.111	巴音布鲁克	54.5	0	0	9.87	0.111
福海	36.2	0	0	7.11	0.124	焉耆	32.9	0	0	6.92	0.181
阿勒泰	41.0	0	0	6.88	0.106	吐鲁番	49.6	0	0	6.06	0.214
富蕴	45.2	0	0	6.70	0.122	鄯善	45.9	0	0	6.12	0.205
塔城	34.1	0	0	6.52	0.132						

城市/区/县	室内腐朽			干缩开裂		城市/区/县	室内腐朽			干缩开裂	
	Y_0/年	μ_l	δ_l	$\mu_{\Delta w}$/%	δ_w		Y_0/年	μ_l	δ_l	$\mu_{\Delta w}$/%	δ_w
和布克赛尔	53.6	0	0	5.86	0.154	阿克苏	28.9	0	0	6.02	0.171
青河	48.9	0	0	6.15	0.121	库车	41.3	0	0	6.47	0.152
阿拉山口	47.6	0	0	8.50	0.113	乌恰	57.6	0	0	6.28	0.145
博乐	28.8	0	0	7.54	0.129	阿合奇	44.9	0	0	5.57	0.183
托里	46.0	0	0	6.96	0.140	铁干里克	44.2	0	0	6.12	0.179
克拉玛依	57.0	0	0	9.04	0.137	若羌	50.2	0	0	5.82	0.184
北塔山	65.0	0	0	5.37	0.223	塔什库尔干	82.6	0	0	5.04	0.292
精河	32.5	0	0	7.67	0.088	莎车	31.1	0	0	6.17	0.146
乌苏	37.9	0	0	8.28	0.124	和田	43.8	0	0	5.96	0.220
奇台	38.7	0	0	7.68	0.137	民丰	45.9	0	0	5.46	0.227
伊宁	25.4	0	0	6.82	0.130	且末	50.0	0	0	5.45	0.228
昭苏	32.8	0	0	6.43	0.198	于田	36.8	0	0	5.45	0.196
乌鲁木齐	43.3	0	0	8.33	0.172	巴里坤	54.6	0	0	5.51	0.116
巴仑台	52.2	0	0	4.15	0.208	哈密	49.5	0	0	5.98	0.166

续表

城市/区/县	室内腐朽			干缩开裂		城市/区/县	室内腐朽			干缩开裂	
	Y_0/年	μ_1	δ_1	$\mu_{\Delta w}$/%	δ_w		Y_0/年	μ_1	δ_1	$\mu_{\Delta w}$/%	δ_w
达坂城	45.1	0	0	5.5	0.153	红柳河	92.5	0	0	6.30	0.152
云南											
德钦	20.3	0.002	0.669	7.63	0.152	景东	7.2	0.018	0.435	6.15	0.156
贡山	7.9	0.021	0.419	6.57	0.165	玉溪	9.0	0.008	0.574	5.89	0.161
香格里拉	22.1	0.001	1.057	5.28	0.155	泸西	8.8	0.010	0.577	6.83	0.153
维西	12.7	0.004	0.450	6.54	0.180	临沧	8.4	0.014	0.743	6.49	0.134
丽江	13.3	0.005	0.482	7.68	0.100	澜沧	6.5	0.030	0.403	5.78	0.166
会泽	12.0	0.005	0.511	7.33	0.142	景洪	5.4	0.044	0.508	5.87	0.184
腾冲	7.5	0.029	0.375	6.99	0.145	思茅	6.5	0.029	0.445	6.14	0.176
保山	9.1	0.008	0.595	5.43	0.163	元江	8.0	0.007	0.674	4.96	0.226
大理	10.5	0.007	0.448	6.96	0.113	勐腊	4.9	0.060	0.468	4.44	0.218
楚雄	10.3	0.005	0.547	6.55	0.114	江城	5.4	0.059	0.403	5.44	0.240
昆明	10.0	0.007	0.669	6.56	0.178	蒙自	8.9	0.007	0.636	5.44	0.234
沾益	10.5	0.006	0.543	6.99	0.150	砚山	7.4	0.018	0.349	6.91	0.221

城市/区/县	室内腐朽			干缩开裂	
	Y_0/年	μ_1	δ_1	$\mu_{\Delta w}$/%	δ_w
瑞丽	6.3	0.030	0.526	5.74	0.186
浙江					
湖州	7.1	0.033	0.461	5.36	0.182
杭州	7.4	0.031	0.378	5.92	0.219
平湖	6.6	0.040	0.510	5.24	0.183
慈溪	6.9	0.034	0.360	5.65	0.191
金华	7.9	0.023	0.541	5.31	0.163
嵊州	7.6	0.028	0.403	5.86	0.158
鄞州	7.0	0.030	0.483	5.19	0.165

城市/区/县	室内腐朽			干缩开裂	
	Y_0/年	μ_1	δ_1	$\mu_{\Delta w}$/%	δ_w
石浦	5.7	0.069	0.388	7.63	0.201
衢州	7.1	0.032	0.590	5.83	0.196
丽水	7.8	0.019	0.511	4.89	0.182
洪家	6.0	0.053	0.453	5.70	0.187
大陈	4.6	0.131	0.258	9.49	0.214
玉环	5.6	0.075	0.339	7.89	0.176
云和	6.6	0.036	0.375	5.28	0.192

注:$\mu_{\Delta w}$为建筑所在地平衡含水率变化值的均值;δ_w为建筑所在地平衡含水率年变化幅值离散系数;Y_0为起始腐朽时间;μ_1为腐朽年气候指数均值;δ_1为腐朽年气候指数离散系数。